Die Mathe-Wichtel
Band 2

Stephanie Schiemann · Robert Wöstenfeld

Die Mathe-Wichtel
Band 2

Humorvolle Aufgaben mit Lösungen für mathematisches Entdecken ab der Sekundarstufe

2., erweiterte und überarbeitete Auflage

Stephanie Schiemann
DMV-Netzwerkbüro Schule-Hochschule
Freie Universität Berlin
Berlin, Deutschland

Robert Wöstenfeld
Mathe im Leben gemeinnützige GmbH
Freie Universität Berlin
Berlin, Deutschland

ISBN 978-3-658-17969-4 ISBN 978-3-658-17970-0 (eBook)
https://doi.org/10.1007/978-3-658-17970-0

Die Deutsche Nationalbibliothek verzeichnet diese Publikation in der Deutschen Nationalbibliografie; detaillierte bibliografische Daten sind im Internet über http://dnb.d-nb.de abrufbar.

Illustrationen: Alle Illustrationen sind von Michael Gralmann, außer der Illustration im Wichtelbook von „Wichtel Walli“ und den Illustrationen der Aufgaben und Lösungen „Quatromino“ und „Wichtel in der Sahara“. Diese sind von Magdalene Fischer.
Planung und Lektorat: Ulrike Schmickler-Hirzebruch

Springer ist Teil von Springer Nature
Die eingetragene Gesellschaft ist Springer Fachmedien Wiesbaden GmbH
Die Anschrift der Gesellschaft ist: Abraham-Lincoln-Str. 46, 65189 Wiesbaden, Germany

Vorwort

Knobeln macht Spaß, Mathe macht Spaß, Herausforderung und Wettbewerb können begeistern: Wenn all das noch eines Beweises bedarf, dann liefert den jedes Jahr wieder der Online-Mathekalender ***Mathe im Advent***. Zehntausende von Schülerinnen und Schülern, aber auch ganze Schulklassen, stürzen sich im Dezember täglich auf die Aufgaben hinter den Türchen im Internet, knobeln, genießen die Freude an Ideen, am Finden von Lösungen, erleben aber auch immer wieder, dass Probleme knifflig und hartnäckig sein können. Das Mitmachen soll Spaß machen, die harten Herausforderungen des Kalenders werden daher absichtlich in humorvoll-verspielter Verpackung präsentiert – mit sehr viel Einsatz und Aufwand und Liebe zum Detail gestaltet nicht nur von Stephanie Schiemann und Robert Wöstenfeld, die das gesamte Projekt verantworten, sondern auch vom „Chef-Illustrator" Michael Gralmann, einem Technomathematikstudenten der TU Berlin. Aber trotz der spielerischen Verkleidung tauchen alle, die mitmachen, auch ganz automatisch in die Gefühlswelt mathematischer Forschung ein: Sie erleben die Freude am Entdecken und am Knacken harter Nüsse, aber auch den gelegentlichen Frust über sehr harte Nüsse, die sich (zunächst) nicht öffnen lassen. Und zum Erlebnis gehört auch dazu, ganz spielerisch Problemlösestrategien auszuprobieren und zu entwickeln und die eigenen Tugenden und Stärken zu erfahren und auszubauen: Sorgfalt und gründliches Lesen zahlen sich genauso aus wie die Kombination von „wildem Spekulieren" und „genauem Nachdenken". Begeisterung und Phantasie zählen natürlich, Konstanz und Ausdauer ebenso.

Wer sich mit den Aufgaben beschäftigt und rätselt, allein oder in kleiner Gruppe mit Papier und Stift vor diesem Buch sitzt, kann erkennen, dass die Aufgaben auch außerhalb der Adventszeit Spaß machen. Sie oder er wird damit aber auch Mitglied einer großen virtuellen Gemeinschaft der Mathematik – einer Gemeinschaft derer, die gern und immer wieder vor solchen (oder auch noch viel schwierigeren ...) Aufgaben sitzen und dieselbe Freude an Geistesblitzen und Ideen suchen und finden. Das „Netzwerkbüro Schule-Hochschule" der Deutschen Mathematiker-Vereinigung (DMV), das aus dem bundesweiten „Jahr der Mathematik 2008" entstanden ist und 2011 seine Heimat am Fachbereich Mathematik der Freien Universität Berlin gefunden hat, hat die wunderbare und wichtige – aber oft auch überwältigende – Aufgabe, diese große Gemeinschaft zu vernetzen. Stephanie Schiemann und Robert Wöstenfeld sind dort die Haupt-Akteure, mit riesiger Energie und Engagement dabei. Aber schon das Entwerfen, Sammeln und Ausgestalten der Aufgaben sind großes Teamwork – das sich auch in diesem Buch widerspiegelt. Zudem helfen jedes Jahr im Dezember, wenn das Online-Spiel läuft, sehr viele engagierte Studentinnen und Studenten mit, viele Tausend E-Mails und Anrufe, Rückfragen und Kommentare zu beantworten und die Technik im Hintergrund am Laufen zu halten. Ganz herzlichen Dank an alle, die in den letzten Jahren mitgemacht haben und jedes Jahr wieder dabei sind!

Gleichzeitig danke ich auch im Namen des Präsidiums der Deutschen Mathematiker-Vereinigung (DMV) allen Unterstützern und Sponsoren, die dieses „Großprojekt" möglich gemacht haben und weiter möglich machen – allen voran der Deutsche Telekom Stiftung, die über Jahre das Netzwerkbüro der DMV finanziert und den Aufbau des Lehrerforums finanziert hat, sowie dem Forschungszentrum MATHEON, das den parallelen Adventskalender für die Oberstufe und für Erwachsene gestaltet. Der Dank gilt aber auch den Mitgliedern der DMV, darunter auch immer mehr Lehrerinnen und Lehrer (herzlich willkommen!), die mit ihrem Mitgliedsbeitrag dieses Projekt fördern – wie auch den Vielen in und außerhalb der DMV, die das Netzwerkbüro und das Kalenderprojekt durch viele zusätzliche Spenden unterstützen. Dieses Mathe-Wichtel-Buch ist auch ein sichtbares und „greifbares" Dankeschön an alle Mitstreiter und Unterstützer für ein Großereignis, das ja sonst nur virtuell als Online-Spiel im Advent stattfindet.

Ich hoffe, dass in den Aufgaben des Mathe-Wichtel-Buchs Begeisterung spürbar ist – nicht nur die Begeisterung von Stephanie Schiemann, Robert Wöstenfeld, Michael Gralmann und den vielen anderen, sondern auch die Begeisterung der kleinen und großen Knoblerinnen und Knobler. Diese Begeisterung bekommen wir ja „live" nur einmal im Jahr zu sehen und zu spüren – wenn nämlich Ende Januar in Berlin eine große Preisverleihung stattfindet, bei der wir Schülerinnen und Schüler aller Klassenstufen und sogar ganze Schulklassen mit ihren Lehrerinnen und Lehrern auf die Bühne holen, bei einem „Mathequiz" gegeneinander und gegen den ganzen Saal antreten lassen – und schon an der Lautstärke im Saal klar wird: Mathe macht Spaß!

Ich hoffe, dass diese Erkenntnis auch lautstark aus diesem Buch schallt.

Prof. Günter M. Ziegler
Mitglied des DMV-Präsidiums
Freie Universität Berlin

Vorwort zur 2. Auflage

Wir freuen uns, dass das auch Wichtel-Buch, Band 2 so gut angenommen wird, dass nun eine korrigierte und erweiterte 2. Auflage erscheinen kann. Seit der Veröffentlichung des ersten Mathe-Wichtel-Bandes sind ca. 200 weitere Aufgaben rund um die Wichtel, die Schönheit und die Nützlichkeit des „Mathemachens“ hinzugekommen. Zwei Aufgaben davon haben wir in dieser Auflage neu hinzugefügt, so dass Sie in diesem Buch insgesamt 26 Aufgaben zu verschiedensten mathematischen Themengebieten finden. Die bereits enthaltenen Texte haben wir von Fehlern bereinigt, zudem einigen Aufgaben neue Ideen „Zum Weiterdenken“ hinzugefügt.

Nach jeder ***Mathe im Advent***-Saison werten wir die Statistiken und das zahlreiche Feedback der Teilnehmer_innen aus. Diese Analysen liefern interessante Einblicke in die weitreichende Wirkung sowohl des Wettbewerbs im Dezember als auch der Mathe-Wichtel-Bücher. Demnach sind die Aufgaben tatsächlich in der Lage, über die Weihnachtszeit hinaus die Kreativität anzuregen und positive Erlebnisse mit Mathematik zu schaffen. Insbesondere durch die Teilnahme am Klassenspiel und den Einsatz der Mathe-Wichtel-Aufgaben in einer Lerngruppe (von Lehrerinnen und Lehrern initiiert), entsteht ein gruppendynamischer Effekt, der die Mathematik ins Zentrum des Klassenlebens rückt. Die gegenseitige Hilfe im Klassenverband, aber auch innerhalb der Familie ist dabei durchaus erwünscht. Wenn Kinder und Jugendliche andere von ihrer Lösung überzeugen müssen, lernen sie über Mathematik zu kommunizieren, folgerichtig zu argumentieren und die Notwendigkeit, exakte Sprache zu benutzen. Oft gelingt es dadurch, das Selbstbewusstsein der Schüler_innen gegenüber der Mathematik zu steigern. Dies gilt speziell auch in Sekundar-, Gemeinschafts- und Förderschulen.

Für einen leichteren Einsatz im Unterricht haben wir diese Auflage um eine Tabelle erweitert, welche den Lehrerinnen und Lehrern unter Ihnen auf einen Blick die Stoffinhalte und Themengebiete anzeigt, die den Aufgaben jeweils zugrunde liegen.

Zunehmend werden die Mathe-Wichtel-Aufgaben auch in der Lehramtsausbildung eingesetzt. Wir hoffen mit unserem didaktischen Konzept (siehe „Didaktisches Vorwort“) zeigen zu können, dass sorgfältig geschriebene Textaufgaben in der Lage sind, zukünftig spezielle Unterrichtssituationen (z.B. Motivation, Übung, Weiterdenken, Differenzierung, Förderung) auf eine positive Art zu bereichern. Die Mathe-Wichtel-Aufgaben können auch den Unterricht im Referendariat und im Praxissemester ergänzen.

Entweder kann der Wettbewerb in der Klasse/Schule begleitet oder bestimmte Aufgaben in den normalen Unterricht eingebaut werden, sofern es thematisch passt. Wenn Sie die Mathe-Wichtel-Aufgaben in einem Seminar vorstellen möchten, können Sie an info@mathe-im-leben.de schreiben und von uns dafür entwickeltes didaktisches Material anfordern. Unser speziell entwickeltes Aufgabenseminar finden Sie auch auf der Webseite www.mathe-im-advent.de/aufgabenseminar.

Für die wertvollen Korrektur- und Ergänzungsvorschläge danken wir Milena Damrau, die seit 2015 in unsere Aufgabenerstellung eingebunden ist.

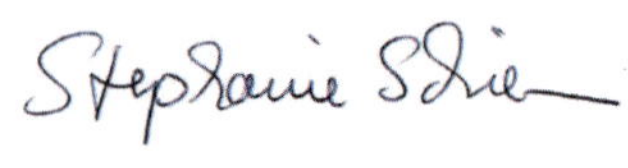

Ihre Stephanie Schiemann und Robert Wöstenfeld

Berlin, im September 2017

Didaktisches Vorwort der Autoren

Die Schönheit der Mathematik ist nicht für alle Menschen leicht zu erkennen. Auch die kreative Vielfalt, die in ihr steckt, erschließt sich denen, die sie nur aus der Schule kennen, oft nicht. Eine Ursache dafür sehen wir in der Art, wie die Mathematik in der Schule und der Hochschule - von positiven Ausnahmen abgesehen - vermittelt wird.

Über viele Schülergenerationen und damit in der Breite der Gesellschaft verfestigte sich ein sehr einseitiges Bild: „Mathematik" wird vielfach gleichgesetzt mit „Rechnen" und „Geometrie". Die Grundrechenarten, der Dreisatz, die Prozentrechnung oder auch der Satz des Pythagoras und vielleicht noch die Parabel, die Sinusfunktion oder π sind den Erwachsenen im Gedächtnis geblieben. Methodisch läuft der Mathematikunterricht oft noch sehr klassisch ab und ist vom „Vormachen und Nachmachen" geprägt. Dabei lernen die Schülerinnen und Schüler Routinen, die sie - im besten Falle - in der Klassenarbeit oder bei Prüfungen abspulen. Entdeckendes Lernen, problemlösendes Denken oder auch das Modellieren wird inzwischen in den Lehrplänen aller Schulformen gefordert, jedoch ist es noch viel zu wenig in den Schulalltag einbezogen. Doch das programmierte Lernen von Routinen bleibt meist nicht hängen. Stattdessen prägt sich eine Eindeutigkeit von Lösungen und Lösungswegen ein, die nicht nur falsch ist, sondern auch den vielschichtigen Problemen von heute in der Regel nicht gerecht wird. Auch der Spaß und der Entdeckungsdrang bleiben dabei weitestgehend auf der Strecke. Dass „Mathemachen" eine kreative, sinnstiftende und Freude bringende Tätigkeit ist, erfahren die Schülerinnen und Schüler so nur in Extra-Angeboten.

Wir wissen aber auch, dass sich viel tut: Während unserer Arbeit im Netzwerkbüro Schule-Hochschule der Deutschen Mathematiker-Vereinigung (DMV) haben wir über die Jahre viele engagierte Lehrerinnen und Lehrer sowie Dozierende aus Universitäten, Privatpersonen oder auch Unternehmen aus der Wirtschaft kennengelernt, die spannende Mathematikprojekte anbieten. Gleichwohl sehen wir, dass erst der Anfang gemacht und noch viel zu tun ist. Eine flächendeckende Umsetzung dieser Ideen konnte aus verschiedenen Gründen bisher nicht realisiert werden. Deshalb wird ein Gefühl dafür, was Mathematik wirklich ist und was es bedeutet, mathematisch zu denken und zu arbeiten, noch zu selten vermittelt.

Mit unseren Aufgaben, die wir jährlich in ***Mathe im Advent***, den mathematischen Adventskalendern veröffentlichen, möchten wir dazu beitragen, dass die Mathematik sowohl als ein vielfältiges Wissensgebiet mit eigener Sprache und Kultur wahrgenommen wird als auch als Werkzeug zum systematischen Lösen und zum Modellieren von Problemen, das sinnvoll und gewinnbringend in der alltäglichen Welt genutzt werden kann.

Zudem soll mit unseren Mathekalenderaufgaben im Wichteldorf das „Mathemachen“ als ein kreativer und anregender Prozess erfahren werden, welcher den in jedem Menschen innewohnenden Entdeckerdrang nutzt und fördert. Mathematikerinnen und Mathematiker empfinden sich oft als sehr freie Menschen und suchen unentwegt nach Ideen und Lösungen, die selten jemand zuvor hatte. Die Offenheit für neue Gedankengänge, das Entdecken von und das Spielen mit konkreten oder abstrakten Mustern sind dafür so elementar wie das „Weiterdenken“.

Viele Schülerinnen und Schüler wünschten sich von uns, dass es solche Aufgaben auch zu anderen Jahreszeiten gäbe, z. B. zu Ostern oder Pfingsten. Da dies mit unseren Ressourcen nicht möglich ist, haben wir uns entschieden, die Aufgaben in einer Buchreihe zu veröffentlichen. Dieses ist nun der zweite Band. In der 2. Auflage umfasst er 26 ausgewählte, sorgfältig überarbeitete Aufgaben und Lösungen aus den ersten Jahren ***Mathe im Advent*** mit vielfältigen Ergänzungen für die Klassenstufen 7 bis 9. Der erste, kürzlich erschienene Band 1 bietet 28 schöne Aufgaben mit Lösungen sowie umfassenden Ergänzungen aus ***Mathe im Advent*** für die Klassenstufen 4 bis 6.

Zu den Aufgaben

Die Mathe-Wichtel-Aufgaben, die wir für dieses Buch noch einmal grundlegend überarbeitet und im Lösungsteil erweitert haben, tragen die oben genannten Kerngedanken und noch viel mehr in sich. Sie sind dafür konzipiert, so viele Schülerinnen und Schüler wie möglich - aber auch die Lehrkräfte, Eltern, Freunde und Verwandte, also alle daran interessierten Erwachsenen - für die Mathematik (zurück)zugewinnen. Der Spaß an den 26 Wichtel-Geschichten aber auch der sinnvolle Einbau der mathematischen Fragestellungen, der bei einfachen eingekleideten Aufgaben oft zu kurz kommt, sind deshalb die unverzichtbaren Stützpfeiler der Wichtel-Aufgaben. Die Leserinnen und Leser sollen im besten Falle gar nicht merken, dass sie gerade mathematisch arbeiten. Dies sind natürlich hoch gesteckte Ziele, die wir mit einigen Aufgaben der letzten Jahre sicher auch verfehlt haben. Aus diesen wie auch aus den gelungenen Beispielen haben wir viel gelernt und mit der Zeit ein standardisiertes Verfahren zum

Verfassen der Aufgaben entwickelt. Im ersten Schritt suchen wir nach interessanten Problemstellungen aus mathematischen Themenbereichen, die nicht oder nur peripher in der Schule behandelt werden. In diesem Buch gibt es neben mehr oder weniger vertrauten Rechen- und Geometrieaufgaben auch Aufgaben aus den Gebieten Analysis, Graphentheorie, Gruppentheorie, Kombinatorik, Optimierung, Stochastik, Topologie, Zahlentheorie sowie Themenbereichen zur Geschichte der Mathematik und zur Kulturgeschichte.

Wichtig dabei ist, dass die Schülerinnen und Schüler der 7. bis 9. Klassen aller Schulformen, für die diese Aufgaben in erster Linie konzipiert sind, ohne große Vorkenntnisse, aber mit Intuition, Neugier, ein wenig Durchhaltevermögen und „outside-the-box"-Denken die Lösungen finden können. Das Multiple-Choice-Format ist bei Millionen von eingesendeten Lösungen eine notwendige, keineswegs gewünschte Einschränkung. Offene Aufgabenstellungen wären leichter zu verfassen, zudem aus unserer Sicht besser geeignet, die oben genannten Ziele zu erreichen. Wenn Sie die Aufgaben im Unterricht einsetzen oder sich anderweitig mit ihnen befassen, können Sie die Antwortmöglichkeiten natürlich weglassen. Dadurch verlieren Sie allerdings die Möglichkeit, das Ausschlussverfahren als Lösungsweg zu nutzen, was manche Aufgaben sehr viel komplexer macht. Die Fragestellungen sind so offen wie möglich gehalten, sodass die Lösungen fast immer über verschiedene Wege gefunden werden können. Diese stellen wir in unseren ausführlichen und altersgerechten Lösungen vor, erheben dabei jedoch keinen Anspruch auf Vollständigkeit. Nichts in der Mathematik ist schlimmer als das Denken in Einbahnstraßen.

Die Aufgaben haben unterschiedliche Schwierigkeitsgrade, beinhalten aber keine „mathematischen Tricks", denn diese sind nur zum Verunsichern geeignet und bewirken bei denjenigen, denen wir ein positives Erlebnis mit der Mathematik vermitteln wollen, eher das Gegenteil. In diesem Buch haben wir die Aufgaben ungefähr von leicht nach schwer geordnet. Die Einschätzung der Schwierigkeitsgrade bleibt jedoch eine individuelle Angelegenheit. Tiefergehende Gedanken zu den jeweiligen Themen werden in der Lösung oder danach im „Blick über den Tellerrand" oder in der Kategorie „Zum Weiterdenken" angesprochen. Mit diesem Ansatz können wir die unterschiedlichen Vorkenntnisse in den verschiedenen Klassenstufen ausgleichen, ohne die Fortgeschrittenen zu langweilen. Deshalb sind die Mathe-Wichtel-Aufgaben sowohl für jüngere (Begabte ab der 4. Klasse) als auch für ältere Schülerinnen und Schüler aller Schulformen (nicht nur Gymnasien) und sogar für Erwachsene geeignet.

Im zweiten Schritt wird das mathematische Problem möglichst sinnvoll und verborgen in eine fantasie- oder humorvolle Geschichte eingebettet. Das fiktive Wichteldorf mit den Rentieren und dem Weihnachtsmann bietet dabei den weihnachtlichen Rahmen, der ganz bewusst menschliche Züge trägt. Auf Weihnachten freut sich jeder und somit ist der Rahmen zunächst positiv besetzt. Die Geschichten sollen die Jugendlichen und Erwachsenen motivieren, sich an den 24 Tagen vor Weihnachten täglich mit „Mathematik“ zu beschäftigen und geben ihnen genügend Raum für ihre Fantasie und Kreativität. Sie erfahren so spielerisch, dass die Mathematik wirklich gebraucht wird, um alltägliche Probleme zu lösen und interessante Fragestellungen zu beantworten. Ganz unbewusst lernen sie dabei auch andere Facetten der Mathematik kennen und entdecken neue Gedankenspiele und interessante Muster. In dieser Phase der Aufgabenerstellung ergeben sich bereits die Ideen für die Illustrationen, die humorvoll und zum besseren Verständnis die Texte visuell ergänzen. Gerade bei geometrischen und graphentheoretischen Aufgaben sind diese Bilder hilfreiche Informationsträger.

Die Gleichberechtigung der Geschlechter im Wichteldorf ist uns besonders wichtig. Die Förderung der Frauen in der mathematischen Welt ist in unserer gesamten Arbeit im DMV-Netzwerkbüro und bei Mathe im Leben ein spezielles Anliegen. Auch in der Mathematikkarriere sind die Männer nach wie vor erfolgreicher, obwohl inzwischen fast ebenso viele junge Frauen ein Mathematikstudium aufnehmen und es auch in Hochschulen, Wirtschaft und Politik immer wieder positive Ausnahmen gibt. Klassische Geschlechterrollen und Stereotypen bedienen wir bewusst nicht, ohne dabei jedoch utopische Rollenbilder zu zeichnen. Die Tatsache, dass im Advent in den letzten Jahren von den jeweils über 100.000 teilnehmenden Schüler_innen mehr als die Hälfte weiblich waren und die natürliche Verteilung innerhalb der Schülerschaft widergespiegelt wurde, zeigt uns, dass wir mit diesem Ansatz erfolgreich sind und dass Mathematik nicht per se für Mädchen uninteressant ist.

Im dritten Schritt werden die Lösungswege ausführlich beschrieben und, wenn passend, mit einem „Blick über den Tellerrand“, einer „Mathematischen Exkursion“ oder Aufgaben „Zum Weiterdenken“ erweitert. Hier werden die sich aus dem Zusammenhang ergebenden mathematischen Inhalte erklärt, in einen größeren Sachzusammenhang eingebettet und durch offene Fragestellungen ergänzt.

Komplettiert wird das Buch durch das „Wichtelbook“, in dem alle 26 Wichtel dieses Buches mit einem Portraitbild und einer Beschreibung ihrer Persönlichkeit auf privater wie mathematischer Ebene aufgeführt sind. Die Wichtel haben über die Jahre ihre eigenen Charaktere entwickelt und ausgeprägt. Mit dem Wichtelbook möchten wir die Freude, die wir beim Schreiben der Aufgaben haben, an alle weitergeben, denen unsere Aufgaben ebenso großen Spaß machen.

Im Stichwortverzeichnis sind viele mathematische Begriffe aufgelistet, die wir für den Umgang mit Mathematik und das Lösen der Aufgaben für interessant und wichtig halten. Im Nachwort möchten wir Ihnen noch das Online-Spiel ***Mathe im Advent*** vorstellen, falls Sie es noch nicht kennen.

Der Prozess des Aufgabenverfassens wird in jedem Jahr angereichert mit Aufgabenideen, die uns im Rahmen eines Aufgabenwettbewerbes zugesandt werden. Motivierte Lehrer_innen, Schüler_innen sowie mathematische Akteure aus Universität und Wirtschaft schicken uns im Sommer ihre Aufgabenideen zu, die wir sichten und – nach Aufnahme in die Auswahl der 24 ***Mathe im Advent***-Aufgaben – an unser Geschichtenformat mit seinen oben beschriebenen Kriterien anpassen. Einige von ihnen finden Sie auch in diesem Buch, sie sind dementsprechend gekennzeichnet. Wir bedanken uns bei allen, die uns Aufgabenvorschläge eingereicht haben. Wir wünschen uns, dass Sie ***Mathe im Advent*** auch in Zukunft mit Ihren Ideen bereichern!

Zur Verwendung der Aufgaben

Die Mathe-Wichtel-Aufgaben haben eine kommunikative Funktion. Auch wenn sie im Rahmen eines Wettbewerbs veröffentlicht werden, sollen sie dem Austausch über Ideen und Lösungsansätze zwischen den Schüler_innen dienen und genauso zum Austausch und der Auseinandersetzung mit „Mathematik“ in der Familie anregen. Das Feedback, welches unser Büro jedes Jahr von Teilnehmer_innen, Eltern und Lehrer_innen bekommt, suggeriert, dass sie dieser Funktion auch gerecht werden. Oft wurde uns darüber berichtet, wie sich Schüler_innen unaufgefordert in der Pause oder daheim zusammen mit ihren Eltern über Mathematik austauschten. Zudem nehmen jährlich mehrere tausend Erwachsene im „Spaßaccount“ an ***Mathe im Advent*** teil. Auch sie sollen durch die Geschichtenideen und die eingebaute, für Kinder wohl weniger erkennbare Ironie Spaß mit der Mathematik haben und gern auch neue Facetten an ihr entdecken oder wieder auffrischen.

Wir empfehlen die Aufgaben dieses Buches für alle Schulformen als Intermezzo im Unterricht, für Projektwochen und Mathe-AGs, aber auch als vertiefende Beschäftigung zu Hause. Mit den stark steigenden Teilnehmerzahlen der letzten Jahre nahmen auch immer mehr Schüler_innen und Klassen aus Haupt-/Realschulen und Förderschulen teil. Auch hier gab es zum Teil sehr geringe Fehlerquoten. Wir möchten allerdings darauf hinweisen, dass das Anspruchsniveau einiger Lösungswege, „Mathematischer Exkursionen“ und Aufgaben „Zum Weiterdenken“ eher jenem der fortgeschrittenen Schüler_innen entspricht. Wir tragen damit der Heterogenität der Schülerschaft Rechnung und bieten Inhalte für verschiedene Schwierigkeitsstufen an. Es sollte deshalb nicht der Anspruch für alle sein, sämtliche Passagen in Gänze nachvollziehen zu können.

Beobachtungen

In den Jahren intensiver Auseinandersetzung mit den Mathe-Wichtel-Aufgaben konnten wir über eine Fülle an Rückmeldungen, persönlichen Gesprächen und Umfragen interessante Beobachtungen machen und verifizieren. Nicht wirklich neu, aber unübersehbar ist, dass die Kinder und Jugendlichen extrem einfallsreiche Wege gehen, um eine (meist richtige) Lösung zu finden. Diese Wege wurden teilweise durch das korrigierende Eingreifen von Erwachsenen, vor allem im Elternhaus, eingeschränkt und führten dann oft zu falschen Annahmen und Ergebnissen. Auffällig ist, dass in diesen Fällen häufig nach einem „Trick“ gesucht wurde, der den entsprechenden Aufgaben innewohnen sollte. Dies lässt auf ein einseitig ausgeprägtes, möglicherweise traumatisches Bild von der Mathematik bei den Eltern schließen, das in dieser Form auch an die Kinder weitergegeben wird.

Eine andere, für den Mathematikunterricht sehr interessante Erkenntnis ist, dass Schüler_innen bereits ab der 4. Klasse einen Sinn für die Notwendigkeit des exakten Formulierens in der Mathematik zeigen, wenn sie durch uneindeutige Wortwahl persönliche Nachteile erleiden. Das unpersönliche Online-Format von ***Mathe im Advent*** lässt keine Nachfragen zu den Aufgaben zu. Folglich wirken unklare Formulierungen verunsichernd auf die Kinder, die befürchten, bei einer falschen Auslegung die Chance zu verlieren, einen der Hauptpreise zu gewinnen. Dementsprechend vehement fiel die unmittelbare Rückmeldung in diesen – nicht immer vorhersehbaren – Fällen aus. Die Schüler_innen forderten aus eigenem Antrieb eine unmissverständliche Ausdrucksweise, die sie im Mathematikunterricht bekanntlich eher als eine lästige Formalität empfinden. Das führte unter anderem dazu, dass in den Geschichten schönere Formulierungen zugunsten der Eindeutigkeit geopfert werden mussten.

Dank

Viele Menschen haben dazu beigetragen, dass dieses Buch entstehen konnte. Unser besonderer Dank gilt Prof. Günter M. Ziegler, der das Projekt mit Vertrauen und großzügiger Unterstützung in unsere Hände gelegt hat, sowie unseren engsten Familienangehörigen und Freunden, die uns geduldig und beratend zur Seite standen und in den letzten Adventszeiten fast vollständig auf uns verzichten mussten.

Zudem möchten wir allen studentischen Hilfskräften und Kolleg_innen der Technischen Universität Berlin, des Forschungszentrums Matheon und der Freien Universität Berlin danken sowie den Praktikant_innen des Netzwerkbüros und Mathe im Leben gGmbH und auch unseren Programmierern, die uns in diesem Projekt in den vergangenen Jahren unterstützt haben. Ohne die Mitarbeit der jungen, kreativen und selbst von der Mathematik so begeisterten Menschen wäre ***Mathe im Advent*** nicht das, was es jetzt ist! Ein spezieller Dank geht an diejenigen, die uns beim Entwickeln und Überarbeiten der Aufgaben und Lösungen und bei der Ausarbeitung dieses Buches geholfen haben. Dazu gehören neben den Geschichten vor allem die brillanten Illustrationen, aber auch die vielen tausend E-Mails, die unsere Studierenden jeden Tag im Dezember liebevoll und individuell verfasst haben.

Im Bild sind die Personen aus dem ***Mathe im Advent***-Team, die in den ersten Jahren an der Erstellung der Aufgaben mitgewirkt haben, als Wichtel dargestellt:

oben: Robert Wöstenfeld (Geschäftsführer und Co-Founder von Mathe im Leben gGmbH), Stephanie Schiemann (Leitung Netzwerkbüro Schule-Hochschule der DMV und Co-Founder von Mathe im Leben gGmbH), Thomas Vogt (Medienbüro der DMV)
unten: Michael Gralmann (Haupt-Illustrator), Marten Mrotzek, Nadja Lohauß, Alexander Sittner (Studentische Hilfskräfte), Magdalene Fischer (Illustratorin), Christina Bracht (ehemalige Praktikantin)

Persönliche Anmerkung von Stephanie Schiemann

Mein Geburtsname ist Stephanie Wichtmann und viele meiner ehemaligen Schüler_innen, Kolleg_innen sowie Teilnehmer_innen der Talentförderung Mathematik in Hamburg und Niedersachsen kennen mich noch unter diesem Namen, den ich erst im Jahr der Mathematik 2008 durch Heirat abgelegt habe. Damals, als Frau Wichtmann, wurde ich von meinen Schüler_innen öfters liebevoll als „Wichtelmännchen" bezeichnet. Da dies so wunderbar zum Namen dieses Buches passt, konnte ich mir diese Bemerkung nicht verkneifen. Ich hoffe, viele meiner Ehemaligen lesen dieses Buch und haben Spaß daran, sich an die Mathematikstunden und die Talentförderaktivitäten von damals zu erinnern.

Wir wünschen allen viel Spaß beim Lesen und Lösen der Mathe-Wichtel-Aufgaben!

Ihre Stephanie Schiemann und Robert Wöstenfeld
Berlin, im Oktober 2013

Inhaltsverzeichnis

Das Wichtelbook

Die Mathe-Wichtel leben und arbeiten am Nordpol. Sie helfen dem Weihnachtsmann und organisieren das Leben im Wichteldorf. Da gibt es viel zu tun und oft müssen sie dabei ihr Wissen über die vielen verschiedenen Bereiche der Mathematik anwenden. Das ist bei den Wichteln nicht anders als bei den Menschen. Natürlich denken die Wichtel nicht die ganze Zeit über Mathematik nach. Die Geschichten in diesem Buch sammeln aber genau diese Momente, in denen sie die Mathematik verwenden, um Probleme zu lösen oder einfach damit herumzuspielen und interessante Muster und Zusammenhänge zu erkennen.
In diesen Geschichten machst du Bekanntschaft mit vielen Wichteln. Damit du sie noch besser kennenlernen kannst, gibt es das „Wichtelbook“. Hier sind sie mit Profilbildern und Details ihrer verschiedenen Persönlichkeiten dargestellt. Du kannst natürlich jederzeit zu den Aufgaben springen und dir das „Wichtelbook“ später anschauen. Wir wünschen dir viel Spaß beim Lesen und beim Entdecken zahlreicher interessanter Seiten der Mathematik!

Ada

Wichtel Ada ist Auszubildende bei den Geschenkewichteln. Mit dem Knoten von Geschenkbändern ist sie allerdings hoffnungslos unterfordert. Wenn sie nicht gerade darüber nachdenkt, wie sie ihre Arbeitsschritte standardisieren und verkürzen kann, entwickelt sie ausgeklügelte Streiche, die sie abends ihrer Freundin Ragna präsentiert. Bei der Durchführung hält sich die ruhige Ada aber meist im Hintergrund, um nicht negativ aufzufallen.
Ihren intellektuellen Ausgleich sucht sie sich nach der Arbeit, sonst würde sie geistig verarmen. Sie experimentiert mit Programmiersprachen und baut kleine Computerprogramme. Mit denen will sie eines Tages ein System finden, mit dem sie die Gewinner der Rentierwettläufe sicher vorhersagen kann.

Balduin

Statistikwichtel Balduin liebt Zahlen. Er ist einer der wichtigsten Wichtel im Weihnachtsdorf, da er dabei hilft, die Arbeit optimal zu verteilen. Er trägt dafür wahnsinnig viele Daten zusammen, wertet diese aus und stellt seine statistischen Ergebnisse für seine Wichtelkollegen grafisch dar. Das nimmt sogar seine Freizeit in Anspruch.

Balduin ist ein akribischer Rechner. Es wird getuschelt, dass er selbst im Schlaf noch Schäfchen zählt. Leider ist Balduin ein bisschen grummelig, seitdem er sich am 30. April 1777 einmal verrechnet hat. Mit seinen Wichtelkollegen ist er deshalb etwas ungeduldig. Sein Lieblingsspiel ist „4 gewinnt".

Benno

Oberwichtel Benno hütet die Schafherde, die im Wichteldorf für die Produktion der Wollpullover gehalten wird. Er kümmert sich liebevoll um jedes einzelne Schaf und beobachtet sie genau. So kennt er all ihre Eigenheiten und liebsten Kraulstellen. Die Schafe fühlen sich bei ihm so wohl, dass die Herde immer weiter wächst. Deshalb macht er seit einiger Zeit Pläne für ein neues, größeres Gehege.
Benno hat ein besonderes Talent für Zahlen und das Erkennen von Zahlenmustern. Dies hilft ihm sehr, denn anders als Balduin muss er ja wirklich ständig die Schafe zählen.
Benno gönnt sich keinen Urlaub, denn er kann seine Schafe nicht alleine lassen. Zur Entspannung studiert er die unterschiedlichen Schafrassen. Seine Lieblingsrasse ist das Walliser Schwarznasenschaf.

Bodo

Bodo ist seit Kurzem Oberwichtel bei den Postwichteln. Dort ist er für den Wunschzetteltresor zuständig - eine sehr verantwortungsvolle Position. Zum Glück muss er nicht alle Wünsche auswendig lernen, sondern nur wissen, wo er sie findet. Bodo ist nämlich sehr vergesslich. Er ist aber auch pfiffig und hat sich deshalb darauf spezialisiert, Eselsbrücken zu bauen. Dafür benutzt er immer wiederkehrende Muster, die er schneller als andere Wichtel entdecken kann.
Bodo genießt das Leben, arbeitet aber ebenso beständig an der Behebung seiner Schwächen. So versucht er zusammen mit seiner Freundin Bertha seine Tanzkünste in Wichtel Erdmuthes Tanzkurs zu verbessern.

Elsbeth

Wichtel Elsbeth ist seit über 60 Jahren Bürgermeisterin des Wichteldorfs. Sie denkt sehr analytisch und gut strukturiert und kann sich in jedes Thema schnell einarbeiten. Deshalb wird ihr Rat überall sehr geschätzt. Privat nutzt sie diese Fähigkeiten, um den Lauf der Gestirne und dessen Auswirkung auf die Zeit und das Leben auf der Erde zu studieren.
Elsbeth stammt aus einer Wichtelfamilie mit einer langen Bürgermeistertradition, die heute überall auf der Welt verstreut lebt. Aber sie kennt auch das Leben der einfachen Wichtel, denn sie machte in ihrer Jugend eine Ausbildung zur Mechanikerin der Lastkraftschlitten, mit denen die schweren Dinge im Wichteldorf transportiert werden.
In dieser Zeit lernte sie auch den Bäckerwichtel Hugo kennen. Seitdem ist sie glücklich mit ihm verheiratet. Sie haben bereits neun Kinder und 34 Enkelkinder. Jüngst wurde zudem der dritte Urenkel geboren.

Erkenbald

Erkenbald ist Ordnungswichtel durch und durch. Freundlich, aber bestimmt überprüft er, ob sich alle Wichtel an die Regeln halten, die über die Jahrhunderte für ein gutes Zusammenleben im Wichteldorf entwickelt wurden. Er ist der richtige Wichtel für diesen Job, denn er liebt es, diese Regeln und Definitionen bis auf das kleinste Wort auswendig zu lernen und weiß auch, wie sie umzusetzen sind.
Erkenbald liebt Ordnung, ob im Dorf oder bei sich zu Hause. Auch nach der Arbeit ist er ein Mann der Tat und drischt abends gern Skat mit seinem Partner Widukind und Wichtel Hugo, natürlich nach den traditionellen Regeln.
Hinter seiner harten Schale steckt allerdings ein weicher Kern. Er liebt es, mit Elsbeths Enkeln und Urenkeln Lieder zu singen und Memory zu spielen. Auch für die anderen kleinen Wichtel im Dorf hat er immer einen Dominostein in der Hosentasche.

Esmeralda

Esmeralda ist Oberwichtel bei den Packwichteln. Sie liebt das präzise Arbeiten mit Schere und Papier und bedauert es, dass sie diese in ihrer leitenden Position nur noch selten verwenden kann. Ihre Begeisterung färbt dennoch auf alle Mitarbeiter_innen ihrer Abteilung ab, besonders auf die Auszubildenden.
Esmeralda durchschaut Verhaltensmuster ebenso schnell wie Zahlenmuster. Gepaart mit ihrem logischen Denkvermögen hilft ihr das, schnell einen Überblick zu gewinnen und häufig richtige Entscheidungen zu treffen. Die von ihr geleiteten Abteilungen arbeiten dadurch extrem effizient.
Privat ist Esmeralda eine gute Bogenschützin. Als Schatzmeisterin des lokalen Bogenschützenvereins hält sie auch hier alle Fäden in der Hand.

Fredi

Wichtel Fredi ist ein Multitalent. Früher war er Bäckerwichtel. Leider wurde ihm seine Leidenschaft für Dominosteine zum Verhängnis. Um nicht mehr so viel von ihnen verputzen zu können, musste er zu den Verwaltungswichteln wechseln. Da half auch die vom Weihnachtsmann verordnete Diät nichts.
In der Wichtelverwaltung ist Fredi gut aufgehoben, denn er ist schlau und kennt sich gut mit Primzahlen aus. Abends begeistert er mit seiner Band „Fredi and His Little Helpers“ vor allem die weiblichen Wichtel. Die meisten seiner Talente blieben bisher jedoch unentdeckt.

Frodo

Wichtel Frodo liebt gebrannte Mandeln über alles. Dafür fährt er jedes Jahr im Dezember von Weihnachtsmarkt zu Weihnachtsmarkt und kauft nur die allerbesten. Dazwischen hält er sich mit Hilfsjobs über Wasser.
Frodo ist sehr liebenswürdig und etwas naiv. Immer wieder versuchen sein Freund Holgar und sein Zwillingsbruder Fridolin seine leichte Rechenschwäche auszunutzen und ihn hinter‘s Licht zu führen. Er fällt aber nicht immer darauf herein. Sein mathematisches Bauchgefühl meldet sich dann und sagt ihm, dass er das verlockende Angebot lieber doch erst einmal genau prüfen sollte.

Grete

Wichtelgroßmutter Grete ist die Cousine von Elsbeth. Früher war sie Oberbäckerwichtel und allseits sehr geschätzt für ihre Erfahrung und die Fähigkeit, mit Dreisatz und linearen Modellen die Bestellmengen unfassbar exakt vorausberechnen zu können.

Seit einer Weile ist sie im Ruhestand. Das gibt ihr die Zeit, sich wieder mehr dem Backen selbst zu widmen. Ihr Lieblingsrezept ist ein Eierkuchenteig mit Kardamom und Feigen.

Auch wenn Grete jetzt in New York lebt, kommt sie häufig ihre Kinder und Enkel im Wichteldorf am Nordpol besuchen. Zu diesen Gelegenheiten wird sie wegen ihrer großen Lebenserfahrung gern vom Wichtel-TV zu allen wichtigen Dingen befragt. Dann lässt sie sich aus Spaß im Rollstuhl in die Talkshows karren und zündet ein Mentholräuchermännchen nach dem anderen an.

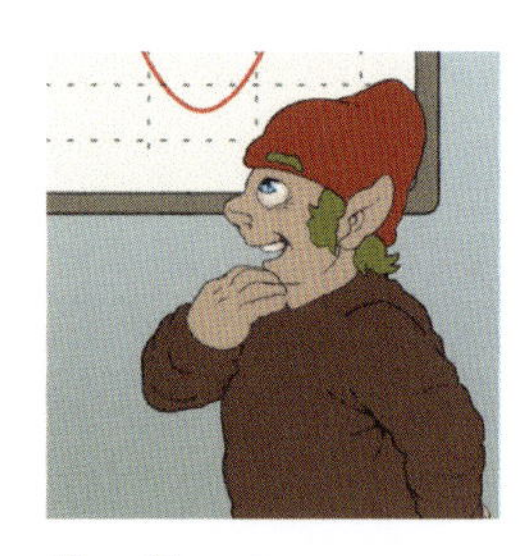

Heribert

Heribert ist als altgedienter Oberwichtel eine Institution bei den Geschenkewichteln. Legendär ist sein freundliches „N'abend allerseits!“, wenn er einen Raum betritt. Heribert arbeitet sehr gewissenhaft und pflegt einen guten Umgang mit allen Wichteln. In die Herstellung der Geschenke ist er nur noch auf theoretischer Ebene eingebunden.

Heribert kann besonders gut Diagramme auswerten und Rückschlüsse auf die Verbesserung der Produktion ziehen. Er ist sich dessen sehr bewusst und liefert sich auf Wichtelkonferenzen gern lange Wortgefechte. Dabei stößt er öfters mit der ebenfalls nicht sehr zurückhaltenden Iphis zusammen.

Persönlich schätzt Heribert Iphis aber sehr und sitzt gern auf der Tribüne, wenn ihr Frauenfußballteam spielt. Auch hier ruft er ständig laut und ungefragt Kommentare hinein. Leas, der meist in Gedanken versunken neben ihm sitzt, stört das aber nicht die Bohne.

Holgar

Wichtel Holgar ist ein undurchsichtiger Zeitgenosse. Niemand weiß genau, was er beruflich macht. Auch seine Freundschaft zu Frodo ist eine zwiespältige Sache. Mal will er ihn über den Tisch ziehen, mal bewahrt er ihn vor naiven Fehlern. Mit Cleverness und Stärke, aber tänzerisch vollkommen unbegabt, windet er sich durch alle Lebenslagen.
Holgar denkt sehr strategisch und berechnet alle seine Handlungen vorab. Er zeigt seinen Mitwichteln immer genau die Seite, die ihn vorteilhaft erscheinen lässt. Nur wenige Wichtel durchschauen deshalb, dass hinter seinen Aktionen immer ein eigennütziger Gedanke steckt.

Iffi

Wichtel Iffi, die mit vollem Namen Iffigenie heißt, ist Auszubildende bei den Geschenkewichteln. Den angeregten Plausch mit ihrem Kollegen und besten Freund Ollo findet sie aber viel interessanter. Beide scheuen nicht davor zurück, sich gegenseitig mit kleinen Rechenspielen herauszufordern. Dabei begegnen sie sich meist auf Augenhöhe, was die Sache erst richtig interessant macht.
Auch sonst treibt Iffi allerlei Unfug. Sie stibitzt Kekse und liebt Schneeballschlachten. Da geht auch schon mal etwas zu Bruch. Das entstandene Chaos räumt sie natürlich gewissenhaft wieder auf.

Iphis

Iphis ist zusammen mit Wichtel Erdmuthe Oberwichtel für den Bereich Sport und Kultur. Sie ist selbstsicher und auf Wichtelkonferenzen nie um einen Beitrag verlegen.
In ihrer Freizeit himmelt sie ihre Lieblingsband „Fredi and His Little Helpers“ an. Außerdem ist sie Kapitänin der Hallenfußballmannschaft „Rotation Nordpol 1881“. Ihr fußballerisches Talent ist verbunden mit einem ausgeprägten räumlichen Vorstellungsvermögen. Sie kann Flugkurven, Drehungen und Bewegungen von Bällen und Wichteln im Raum gut im Voraus berechnen. Leider spielt ihre Mannschaft trotzdem jedes Jahr gegen den Abstieg.

Kasimir

Kasimir ist Oberwichtel der fliegenden Rentiere. Schon als kleiner Wichtel war er sehr tierlieb und schlich sich heimlich in den Rentierstall. Seit einigen Jahren organisiert er die Rentierwettkämpfe und wählt als offizieller Zeremonienmeister die Rentiere für den Schlitten des Weihnachtsmanns aus. Er liebt es, sich aus Zahlenmustern besonders schöne Formationen für die Rentierparaden auszudenken.

Ein besonderes Herz hat Kasimir für die brasilianischen Rentiere, die am Nordpol immer am meisten frieren. Beim Anblick der bibbernden Hufe werden ihm die Knie weich.

Leas

Wichtel Leas ist der einzige Glasbläser im Weihnachtsdorf. Dieses Handwerk ist eine Familientradition. Mit seinen vollkommenen Fertigkeiten und seinem Wissen über gekrümmte Flächen stellt er die kunstvollen Pokale her, die bei den vielen sportlichen Wettkämpfen im Weihnachtsdorf vergeben werden.

In seiner Freizeit geht Leas gern auf Weihnachtsmärkte und guckt seiner Schwester Iphis beim Hallenfußball zu. Er nutzt diese Momente, um über die kleinen und großen Fragen des Universums nachzudenken.

Mechthild

Mechthild ist als Oberbauwichtel für die Planung aller öffentlichen Bauvorhaben im Wichteldorf verantwortlich. Sie sprüht vor Energie und sucht sich selbst Projekte, deren Planung sie gern auch ohne Absprache mit Elsbeth, Pascaline oder dem Weihnachtsmann startet.

Mechthild ist ganz anders geraten als ihre eher häusliche, ruhige Schwester Esmeralda. Sie liebt vor allem internationale Großprojekte und das Überschlagen und Abschätzen von Kosten, Ressourcen und Risiken. Ihr großes Vorbild ist der bereits verstorbene Tüftelwichtel Fermi. Dieser konnte mit Leichtigkeit aus wenigen Informationen große, oft obskure Abschätzungen machen – z. B. wie viele Liter Zuckerguss für die Zimtsterne die Bäckerwichtel seit der Gründung des Wichteldorfs schon hergestellt haben.

Nach der Arbeit trifft sich Mechthild mit Orlandie und anderen Gleichgesinnten im Schnellimbiss „Prism“. Gemeinsam diskutieren sie dann über die Erderwärmung und planen den Umzug der Wichtelproduktion an den Südpol.

Oswald

Wichtel Oswald ist Auszubildender bei den Geschenkewichteln. Was er bei der Planung nicht bedenkt, macht er mit seinem großen Interesse für geometrische Formen und perfekte Schnitte wieder wett. Seine Aufgaben erledigt er sehr gewissenhaft.
Die Schere bedient Oswald meisterlich – nicht nur beim Schneiden des Geschenkpapiers. Er hätte auch Haarstylist werden können. Doch leider sind die traditionsbewussten Wichtel wenig stylish und bevorzugen seit Jahrhunderten ihre Mützen. Deswegen übt Oswald das Frisieren an seinen eigenen Haaren. Nicht immer gelingt ihm das zu seiner Zufriedenheit. Dann zieht er seine Mütze ganz tief ins Gesicht. Seine Freunde meinen, er sei ein bisschen zu empfindlich.

Ottilie

Ottilie arbeitet bei den Rentierwichteln. Mit ihrer ruhigen Art wirkt sie wie Balsam für die Rentiere, zu denen sie schon immer eine besondere Zuneigung hatte. Das verbindet Ottilie mit Kasimir, der heimlich in sie verliebt ist. Unglücklicherweise bemerkt sie davon aber nichts.
Ottilie schätzt das ruhige Leben und ist überzeugt, dass auch die Rentiere nicht zu viel Stress vertragen. Sie mag vor allem Zurückhaltung. Die jüngere Ragna ist ihr zu vorlaut. Um des lieben Friedens willen zieht sie sich in einer Diskussion schon mal zurück, auch wenn sie ihre Idee für besser hält. Ragna ist meist einfach lauter. Grundsätzlich ist Ottilie aber zufrieden mit ihrer Position und möchte bald eine Familie gründen.
Auf dem Platz mit Iphis und dem Frauenfußballteam wird Ottilie allerdings gnadenlos und räumt mit einer Blutgrätsche alles beiseite, was ihr an Gegnerinnen über den Weg läuft. Sie ist Liebling aller Trainerinnen, denn sie kann gut abstrakt denken und sich in jedes taktische System einpassen.

Pascaline

Pascaline ist die Leiterin der Wichtelverwaltung - einer der verantwortungsvollsten Jobs im Weihnachtsdorf. Bei ihr laufen alle Fäden zusammen. Dadurch kennt sie die meisten Wichtel persönlich.

Ein besonderes Herz hat Pascaline für schrullige Typen wie Balduin. Sie hat die Gabe, diese sozial unsicheren Wichtel hervorragend in die Teams der Wichtelverwaltung zu integrieren.

Ihr Wissen um lineare Optimierung bringt sie gewinnbringend mit Balduins statistischem Know-how zusammen, um die Wichtelverwaltung effizient zu organisieren. Es ist ihr wichtig, mit möglichst wenigen Wichteln möglichst viel zu erreichen, damit mehr Wichtel für die Hauptaufgabe - die Vorbereitung der Weihnachtszeit - zur Verfügung stehen.

Pippin

Pippin ist in der Wichtelverwaltung für die Raumplanung zuständig. Damit ist er einer von Pascalines unverzichtbaren Mitarbeitern. Er kümmert sich liebevoll um alle geographischen Karten seiner Abteilung, die er zur besseren Übersicht färbt. Deshalb kennt er sich in der ganzen Welt gut aus. In der stressigen Weihnachtszeit konzentriert er sich darauf, die Routen des Weihnachtsmannes zeitlich und räumlich zu verkürzen und damit seine Wege zu optimieren.

In seiner Freizeit läuft er Schlittschuh. Er hat schon so manches Rennen gewonnen. An ruhigen Abenden nimmt er sich die Weltkarte und denkt sich zum Spaß die verrücktesten Flugrouten mit besonderen Mustern aus. Sein Faible für abstrakte Graphen hilft ihm dann, den Überblick zu behalten und alle unwichtigen Informationen auszublenden. Moderne Navigationssysteme, die andere Wichtel schon länger begeistert verwenden, lehnt Pippin strikt ab.

Ragna

Wichtel Ragna ist Auszubildende bei den Rentierwichteln. Sie ist jung und ungestüm und spielt allen Bewohnern des Wichteldorfs gern Streiche. Am Weihnachtsmann hat sie dabei einen besonderen Narren gefressen.

Ganz glücklich ist sie bei den Rentieren nicht. Ihr großer Traum ist eine eigene Show im Wichtel-TV mit versteckter Kamera. Erste Clips hat sie bereits bei WTube hochgeladen.

Ragna benutzt die neuen Medien aber nicht nur, sie ist auch an ihrer Entwicklung beteiligt. Was viele nicht wissen: Obwohl Ragna noch sehr jung ist (gerade einmal 117 Jahre alt), hat sie den Wichtelweltpreis im Programmieren gewonnen. Ragna hat nämlich das soziale Netzwerk „Wichtelbook“ programmiert! Die Algorithmen, um Wichtelbook zu codieren, hat sie an ihrer Fensterscheibe selbst entwickelt.

Waldemar

Waldemar ist der Inbegriff des Postwichtels. Er ist ständig in der ganzen Welt unterwegs und bringt die Wunschzettel der Kinder ins Wichteldorf. Besonders mag er die Touren durch die warmen Länder. Er ist ein Abenteurer und ein richtiger Popstar unter den jungen Wichteln. Häufig tritt er im Wichtel-TV auf und erzählt Geschichten von seinen Reisen.

Das stößt einigen traditionelleren Wichteln etwas auf. Legendär wurde die Talkshow, in der Kasimir ihm entnervt vorwarf, dass er immer nur in der Welt umhergondele und sich's mit Weißbier gut gehen ließe, während die harte Arbeit anderer Wichtel nicht richtig geschätzt werde.

Um die weiblichen Wichtel kümmert Waldemar sich weniger. Er ist vielmehr an alten Ruinen, Tempeln und Schätzen interessiert. Er kann in geometrischen Figuren und Mustern alter Kulturen lesen. Deshalb ist der wesentlich ältere Albert, der sich auch bestens in diesem Gebiet auskennt, sein engster Vertrauter und Weggefährte.

Walli

Wichtel Walli arbeitet bei den Packwichteln. Sie ist sehr fotoscheu und wendet ihr Gesicht immer von der Kamera ab. Viele Wichtel haben vergessen: Walli hat im 19. Jahrhundert 50 Jahre hintereinander den Modelwettbewerb der Wichtel gewonnen. Für eine Aufnahme musste sie damals noch 45 Sekunden stillhalten. Seitdem kann sie Kameras nicht mehr ab.
Ist keine Kamera in der Nähe, wird Walli allerdings sehr gesellig. Nach der Arbeit spielt sie gern mit ihren Freunden Ollo und Iffi Gesellschaftsspiele. Am liebsten spielt sie Wichtelpoker, denn bei diesem Spiel ist sie unschlagbar. Walli hat neben einem perfekten Pokerface nämlich ein fast schon unheimliches Kartengedächtnis und Gespür für Wahrscheinlichkeiten.

Wendel

Tüftelwichtel Wendel ist für die speziellen Erfindungen im Wichteldorf zuständig. Tagelang sitzt er in seinem Labor und werkelt an seinen neuesten Kreationen, die das Wichteldorf bereichern.
Wendel versteht sich gut mit anderen Wichteln und schafft es spielend, sie zu unterhalten. Er zieht es aber vor, die Treffen mit ihnen auf ein Minimum zu beschränken. Werkstattwichtel Willi ist sein einziger guter Freund. Die beiden lassen sich gegenseitig genügend Raum und tauschen sich in spärlichen Treffen über neueste Entwicklungen aus.
Wendel liebt abstruse Erfindungen, wie den Wendel-O-Mat. Er sieht sie als Kunstwerke. Allerdings verarbeitet er darin meist nur seine Schwäche für das Glücksspiel. Mit ihnen nutzt er die wenig bekannten statistischen Gesetze aus, um sich auf Floh- und Weihnachtsmärkten ein paar Polarkronen dazuzuverdienen. Das ist seine Art, der immer stärker werdenden Vergnügungssucht im Wichteldorf eins auszuwischen.

Widukind

Wichtel Widukind ist einer der besten Ordnungshüter der Wichtelverwaltung. Er tritt prinzipientreu für das Gute im Wichteldorf ein und legt sich dafür auch mit übermächtigen Gegnern an. Damit hat er sich bisher nicht nur Freunde gemacht.

Der alte Angelsachse Widukind hat das Wichteldorf nach der Gründung zuerst vehement abgelehnt. Erst als die tiefen Wälder Germaniens nach und nach abgeholzt wurden, hat auch er sich mit seinen verwandten Wichteln dorthin begeben. Nun kämpft er zusammen mit seinem Partner Erkenbald leidenschaftlich für ein gutes Wichteldorf.

Widukind hat auch mal in der Abteilung gearbeitet, die für die Aufstellung der Regeln des Zusammenlebens zuständig ist. Er liebt es nämlich - penibel bis aufs kleinste Wort - die Regeln des Zusammenlebens sinnvoll zu formulieren, sodass auch ja kein Zweifel in der Umsetzung auftritt. Der Job am Schreibtisch war aber nichts für ihn. Er musste wieder raus und vor Ort anpacken, um die anderen Wichtel von einem sittlichen Leben zu überzeugen. Erkenbald passt nun auf, dass er seine Tendenz, allzu missionarisch zu werden, nicht so stark ausleben kann.

1
Ausgewählte Aufgaben aus *Mathe im Advent*

Travelling Weihnachtsmann

In Deutschland gibt es neun Wunschzettelämter, bei denen die Wunschzettel der Kinder eingehen: Himmelpforten, Nikolausdorf, Himmelpfort, Himmelreich, Himmelsthür, Engelskirchen, Himmelsberg, Himmelstadt und St. Nikolaus. Die Lage der Orte findest du auf der Karte im Bild. Wichtel Waldemar muss bei allen Ämtern vorbeischauen, um die Wünsche einzusammeln.

Er startet in Himmelpfort (Brandenburg), da er zuletzt die Zettel der polnischen Kinder abgeholt hat. Damit er alle Wunschzettel von den Wunschzettelämtern möglichst schnell einsammeln kann, sucht er nach dem kürzesten Weg zwischen allen Ämtern. Seine Rentiere fliegen stets die Luftlinie zwischen zwei Orten. Das ist am schnellsten und spart Energie. Die Reise soll in St. Nikolaus enden, weil danach die Luxemburger Wunschzettel abgeholt werden müssen.

? FRAGE ?

Wie lang ist der kürzeste Weg von Himmelpfort nach St. Nikolaus, der Waldemar an allen Wunschzettelämtern vorbeiführt?

! Antwortmöglichkeiten !

a) 1 115 km
b) 1 226 km
c) 1 302 km
d) 1 371 km

Die Lösung zu dieser Aufgabe findest du auf Seite 88.

Der Wunschzetteltresor

Wichtel Bodo ist in diesem Jahr zum Oberwichtel befördert worden – als Auszeichnung für seine guten Dienste über viele Jahre im Weihnachtspostamt. Jetzt ist er verantwortlich für den Tresor, in dem alle Wunschzettel gelagert werden.

Aber Bodo hat ein Problem: Er ist vergesslich! Und er ist der einzige, der den dreistelligen Code für den Tresor kennt. Das ist eine große Verantwortung.

Damit er nicht jedes Mal alle Kombinationen von 100 bis 999 durchprobieren muss, hat er sich eine Eselsbrücke ausgedacht: Der Code des Tresors ist eine dreistellige Zahl ABC. ABC ist eine Primzahl. Die beiden zweistelligen Zahlen AB und BC in dieser Zahl sind auch beide Primzahlen. Und die drei einstelligen Zahlen A, B und C sind ebenfalls Primzahlen.

? FRAGE ?

Wie viele Kombinationen ABC (mögliche Codes) muss Bodo probieren, wenn er sich an diese Eselsbrücke erinnert?

Hinweis: Die Zahl „1“ ist laut Definition keine Primzahl!

! Antwortmöglichkeiten !

a) 1
b) 3
c) 5
d) 7

Die Lösung zu dieser Aufgabe findest du auf Seite 92.

Quatromino

Glasbläserwichtel Leas hat seiner Schwester Iphis als Geburtstagsüberraschung eine kleine mathematische Knobelei gebastelt. Iphis *liebt* mathematische Knobeleien. Es ist ein Würfel, wie er im unteren Bild zu sehen ist. Dieser Würfel ist aus sieben Glasbausteinen zusammengesetzt. Jeder Baustein hat seine eigene Farbe. Von den sieben Bausteinen sind sechs Bausteine sogenannte Quatrominos und ein Baustein ist ein Triomino (siehe Bild). Quatrominos sind Figuren, die aus vier kleinen Würfeln zusammengesetzt sind, die alle die gleiche Größe haben. Triominos sind aus drei kleinen Würfeln zusammengesetzt (der mittlere Baustein):

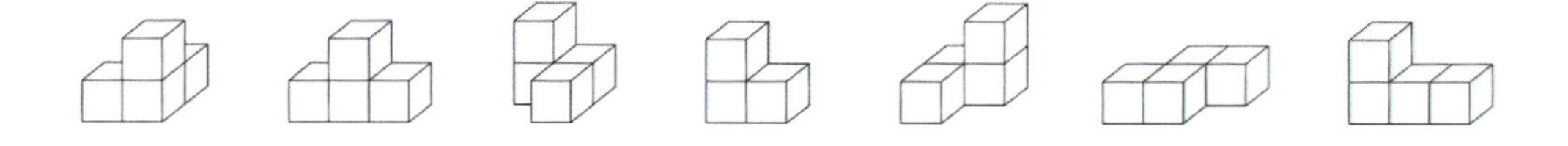

Leas gefällt der Würfel so gut, dass er beschließt, sich selbst auch einen zu basteln. Als dieser Würfel fertig ist, hält er ihn stolz gegen das Licht und bewundert das Lichtspiel. Doch mit einer ungeschickten Bewegung fällt er ihm aus der Hand – genau auf Iphis' Würfel. Zum Glück ist nichts kaputtgegangen, aber nun liegen 14 verschiedene Glasbausteine auf seiner Werkbank verstreut. „Warum hab ich nur so viele Farben genommen? Das kann ich doch niemals zuordnen!“, stöhnt er.

Langsam versucht er, die beiden Würfel wieder zusammenzusetzen. Nach einiger Zeit ist er leicht verzweifelt. Dabei fehlen nur noch zwei Bausteine, damit zumindest Iphis' Würfel (siehe Bild unten) wieder komplett ist.

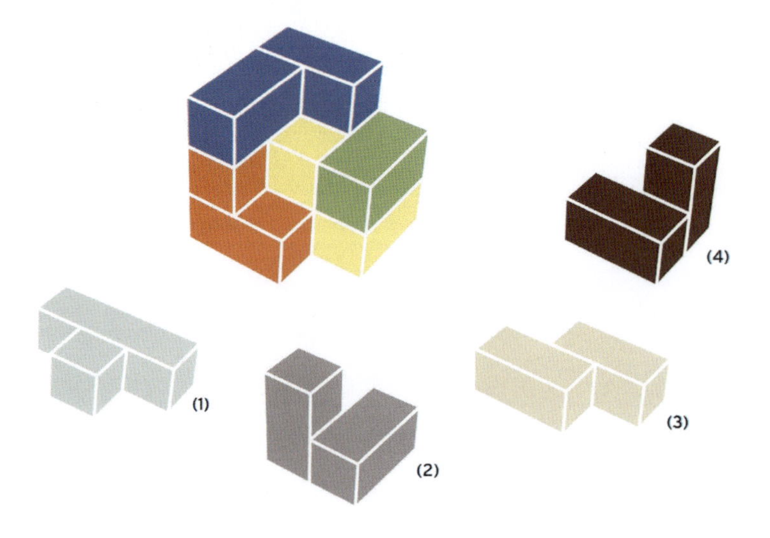

? FRAGE ?

Welche zwei Quatrominos vervollständigen Iphis‘ Würfel?

! Antwortmöglichkeiten !

a) Quatrominos (1) und (3)
b) Quatrominos (1) und (2)
c) Quatrominos (2) und (4)
d) Quatrominos (3) und (4)

Die Lösung zu dieser Aufgabe findest du auf Seite 99.

W-Factor

Nachdem alle Geschenke verteilt sind, feiert das ganze Wichteldorf am 25. Dezember eine große Party. Nach einem großen Büffet wird abends zu Livemusik getanzt. Dazu wird jedes Jahr eine Band benötigt. Fünf Bands spielen in diesem Jahr vor. Eine Wichtel-Jury soll sie bewerten und die beste Band für das Tanzfest auswählen. Die Jury ist mit Wichteln aus sieben verschiedenen Berufszweigen besetzt. Sie verteilen Noten zwischen 0,0 und 10,0 (dazwischen gibt es alle Noten in 0,5er-Schritten).

In der folgenden Tabelle siehst du die Punktzahlen der Wichtel-Jury für alle Bands:

	Partygruppe Rot-Weiß 77	Schneewälder Tanzwichtel	Fredi & His Little Helpers	Dancing Snowflakes	Happy Goblin Club
Packwichtel	7,0	3,5	7,0	2,5	8,0
Verwaltungs-wichtel	7,0	9,5	7,5	7,5	8,5
Schlitten-wichtel	9,0	4,0	6,5	8,0	5,5
Rentierwichtel	9,5	6,0	10,0	8,0	5,0
Werkstatt-wichtel	6,5	6,5	7,5	8,0	8,0
Bäckerwichtel	7,0	6,0	7,0	7,0	8,0
Geschenke-wichtel	7,5	5,5	5,0	7,5	4,5

Die Frage ist nun, wie die Siegerband bestimmt werden soll. Dazu gibt es vier verschiedene Vorschläge aus der Runde der Jury:

1) Die beiden höchsten und die beiden niedrigsten Punktzahlen eines Teams werden gestrichen und die verbleibenden drei Punktzahlen werden addiert.
2) Die höchste durchschnittliche Bewertung zählt.
3) Nur die höchste Punktzahl zählt.
4) Es werden alle vergebenen Punktzahlen eines Teams der Größe nach geordnet und nur die Punktzahl an der mittleren Position zählt.

? FRAGE ?

Zu wie vielen verschiedenen Siegern würden die vier Vorschläge führen?

! Antwortmöglichkeiten !

a) ein Sieger
b) zwei Sieger
c) drei Sieger
d) vier Sieger

Die Lösung zu dieser Aufgabe findest du auf Seite 101.

Sortierrutschen

Haben die Packwichtel alle Geschenke für eine Familie fertig verpackt, legen sie diese in einen Sack. Die schweren Geschenke legen sie nach unten, damit sie die leichteren Geschenke nicht zerdrücken. Um das Wiegen und Sortieren zu beschleunigen, entwickeln Tüftelwichtel Wendel und Packwichtel Ada eine Maschine. Gerade arbeiten sie an einer einfachen Testversion. In dieser sollen vier Geschenke nach ihrem Gewicht sortiert werden.

Die Maschine soll aus mehreren Rutschen und „wiegenden Kreuzungen" bestehen: Oben werden vier verschiedene Geschenke hineingeworfen, die unterschiedlich schnell rutschen. Kommt eines an einer Kreuzung an, bleibt es dort liegen, bis ein zweites ankommt. Beide Geschenke werden dann gegeneinander gewogen. Das leichtere Geschenk wird immer nach links, das schwerere nach rechts weitergeschickt. Wendel und Ada sind noch unsicher, wie die Rutschen angeordnet sein müssen, damit die Geschenke auch wirklich nach dem Gewicht sortiert unten ankommen. Deswegen haben sie vier Testmaschinen gebaut:

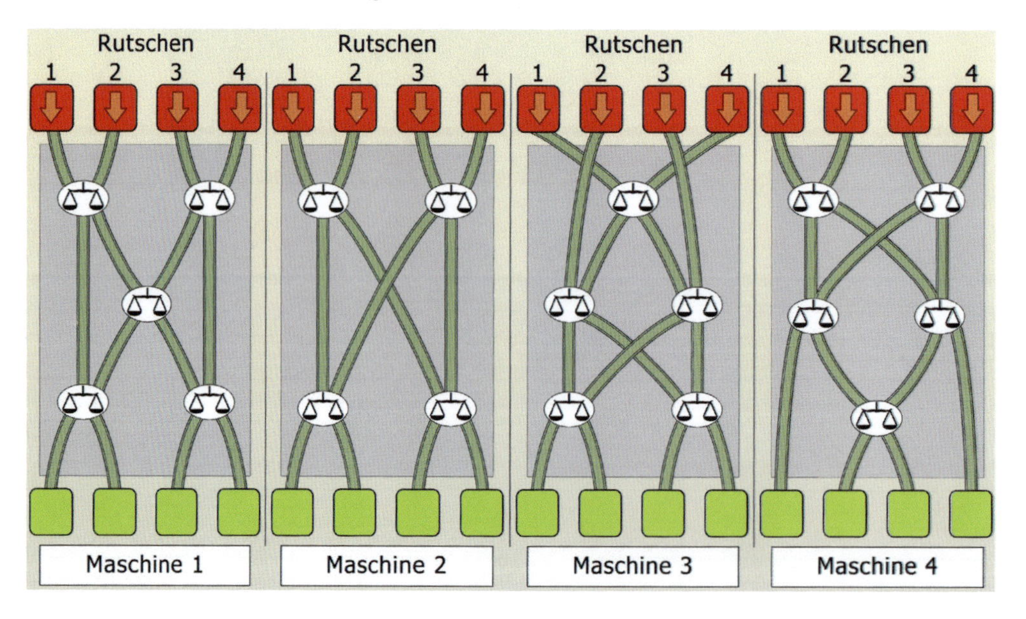

Fredi (39 kg), Oswald (34 kg), Iphis (28 kg) und Esmeralda (21 kg) sollen die vier Maschinen testen und oben in die Rutschen springen. In jeder Maschine starten sie in zwei Durchgängen mit diesen Reihenfolgen:

1. Iphis - Esmeralda - Fredi - Oswald
2. Oswald - Fredi - Iphis - Esmeralda

? FRAGE ?

Bei welcher der vier Rutschmaschinen kommen die vier Wichtel in beiden Durchgängen richtig nach ihrem Gewicht sortiert unten an?

! Antwortmöglichkeiten !

a) Maschine 1
b) Maschine 2
c) Maschine 3
d) Maschine 4

Diese Aufgabe wurde im Wissenschaftsjahr 2014 vom „Informatik-Biber"-Team vorgeschlagen.

Die Lösung zu dieser Aufgabe findest du auf Seite 109.

Der Tunnel

Der Weg über die Alpen zwischen der Schweiz und Italien ist für den Weihnachtsmann immer besonders schwierig. Er muss extrem aufpassen, nicht gegen einen Berg zu fliegen oder in einen Schneesturm zu geraten. Deshalb sucht der Weihnachtsmann schon lange nach Alternativen. Oberbauwichtel Mechthild hat in der Wichtelbibliothek gestöbert und einen Zeitungsartikel aus dem Oktober 2010 gefunden. In diesem Jahr wurde der Gotthard-Tunnel unter den Schweizer Alpen nach 25 Jahren Bauzeit durchgestochen. Der Tunnel wird nach der Eröffnung mit 57 km Länge der längste Landtunnel der Welt sein.

Genau solch ein Tunnel kann die Probleme des Weihnachtsmanns lösen. „Und was die Schweizer schaffen, das können meine Bauwichtel auch", denkt sich Mechthild. Sie möchte einen eigenen, geheimen Tunnel für den Weihnachtsmann bauen, damit er unterwegs nicht gesehen wird. Sofort fängt sie mit den Planungen an. Dazu hat sie sich als erstes die Skizze aus der Tageszeitung ausgeschnitten und vergrößert (siehe Bild).

Nun beginnt sie zu grübeln: Der Tunnel soll ebenfalls 57 Kilometer lang sein. Sie nimmt für eine erste Abschätzung an, dass der Tunnel im Querschnitt quadratisch ist und eine Breite von 10 Metern hat. Der Tunnel ist im fertigen Zustand also ein großer, hohler Quader. „Diese große Menge an Gestein", denkt Mechthild, „könnte man mit einem Güterzug aus dem Tunnel transportieren." Ein durchschnittlicher Güterwaggon hat eine Länge von 13 m (mit Kupplung) und fasst ein Volumen von 70 m^3. Eine eventuelle Beschränkung der Zuladung ist in dieser ersten Schätzung nicht berücksichtigt.

? FRAGE ?

Wie lang müsste der Zug, der die gesamte Gesteinsmasse dieses Tunnels auf einmal abtransportieren könnte, nach Mechthilds Abschätzung sein?

! Antwortmöglichkeiten !

a) etwa 1 km
b) etwa 60 km
c) etwa 1 000 km
d) etwa 30 000 km

Die Lösung zu dieser Aufgabe findest du auf Seite 114.

Eierkuchen

Wichtel Grete hat eine halbe Ewigkeit für die Bäckerwichtel gearbeitet. Seit ein paar Jahrzehnten genießt sie ihren Ruhestand, aber so ganz kann sie ihre große Leidenschaft, das Backen, nicht sein lassen. Regelmäßig besucht sie ihre Enkel und backt für sie Eierkuchen. Doch dieses Mal hat sie sich bei den Einkäufen für den Teig geirrt und stellt zu Hause fest:

„Wenn ich zwei Eierkuchen für jedes meiner Enkelkinder backe, bleibt Teig für drei weitere Eierkuchen übrig. Um allerdings drei Eierkuchen für jeden zu backen, habe ich nicht genug Teig. Es würden zwei Eierkuchen fehlen."

? FRAGE ?

Wie viele Enkelkinder hat Wichtel Grete?

! Antwortmöglichkeiten !

a) 2
b) 4
c) 5
d) 6

Diese Aufgabe wurde im Rahmen des Aufgabenwettbewerbs 2010 vorgeschlagen von: Nikolaus Knauer (DMV-Abiturpreisträger)

Diese Aufgabe wurde 2010 von den Teilnehmerinnen und Teilnehmern zur beliebtesten Aufgabe in der Klassenstufe 7 bis 9 gewählt.

Die Lösung zu dieser Aufgabe findest du auf Seite 117.

Norwegische Nachbarschaftshilfe

Trotz der guten Planung wird es kurz vor Weihnachten plötzlich hektisch: Unter den Geschenkewichteln sind einige Fälle von Schneepocken aufgetreten. Diese Krankheit ist sehr ansteckend. Deshalb müssen alle infizierten Wichtel strikt zu Hause bleiben und fallen für die Geschenkeproduktion aus. Obwohl diese Maßnahme das schlimmste verhindert, gibt es immer wieder neu erkrankte und dadurch immer weniger arbeitende Geschenkewichtel. Wenn nichts passiert, werden vermutlich nicht mehr alle Geschenke rechtzeitig fertig werden.

In größter Verzweiflung wendet sich Oberwichtel Heribert an Pascaline. Die Leiterin der Wichtelverwaltung hat eine gute Idee: Sie fragt bei den befreundeten Bergtrollen an, die tief versteckt in den Wäldern im Norden Norwegens wohnen. Diese bieten ihren geheimen Superkräfte-Kräutertrank an. Die Wichtel, die davon trinken, werden für einige Zeit immun gegen die Schneepocken. So kann die Geschenkeproduktion gerettet werden.

Pascaline und Heribert überlegen, die Verteilung des Tranks in den Wichtelbars zu organisieren. Sie sind überall im Dorf zu finden und werden von allen Wichteln stets gut besucht. Die gesunden Geschenkewichtel freuen sich an diesem Abend besonders und finden sich alle ein, um den Superkräfte-Kräutertrank einzunehmen. Denn danach dürfen sie sich kostenlos auch andere Getränke bestellen.

Allerdings ist die Nutzung des Tranks ein bisschen gefährlich und soll auf keinen Fall zur Gewohnheit im Wichteldorf werden. Deshalb dürfen ihn nur die Geschenkewichtel trinken. Um dies sicherzustellen, müssen heute alle Wichtel, die sich in einer Bar aufhalten, einen Ausweis mit ihrer Berufsbezeichnung um den Hals tragen. Außerdem müssen alle Flaschen, die an den Wichtelbars ausgegeben werden, deutlich gekennzeichnet sein.

Während nun einige Wichtel fröhlich an der Bar sitzen, kommen die Ordnungshüter Erkenbald und Widukind von der Wichtelverwaltung herein. Erkenbald sagt freundlich: „Na, dann lass uns doch einmal prüfen, ob wirklich nur Geschenkewichtel den Superkräfte-Kräutertrank trinken." Widukind antwortet: „Ja, aber lass' uns nur die unklaren Fälle kontrollieren. Wir müssen heute noch durch so viele Bars ..."

? FRAGE ?

Wie viele der vier Wichtel an der Bar (siehe Bild. S. 48) müssen Erkenbald und Widukind mindestens kontrollieren, um sicher zu wissen, ob wirklich nur Geschenkewichtel den Superkräfte-Kräutertrank trinken?

! Antwortmöglichkeiten !

a) 1
b) 2
c) 3
d) 4

Die Lösung zu dieser Aufgabe findest du auf Seite 119.

Wehe, wenn sie losgelassen

In den letzten Wochen vor dem anstrengenden Flug in der Heiligen Nacht werden die Rentiere mit Spezialstroh gefüttert. Das Stroh wird in einem speziellen Stall ausgestreut. In diesem Stall stehen vier Boxen hintereinander, auf die sich die Rentiere beim Fressen aufteilen sollen. Nachdem das Stroh in den Boxen ausgelegt wurde, stürmt die erste Gruppe von 33 Rentieren herbei. Die Rentierwichtel Kasimir, Ragna und Ottilie kennen ihre Schützlinge genau und wissen: Wenn man sie nicht kontrolliert, werden sie alle in die (vom Eingang aus gesehen) erste Box stürmen und sich dort in einem riesigen Durcheinander über das Stroh hermachen.

Deshalb haben sich die Wichtel einen kontrollierten Ablaufplan ausgedacht. Er umfasst drei Regeln:

1. Die Rentiere werden von Kasimir einzeln in den Stall gelassen.
2. Wenn in allen Boxen gleich viele Rentiere stehen, darf sich das nächste Rentier aussuchen, in welche Box es geht. Das gilt insbesondere auch für das erste Rentier.
3. Wenn ungleich viele Rentiere in den vier Boxen stehen, muss das nächste Rentier eine der Boxen wählen, in der am wenigsten Rentiere stehen. Wenn es dafür mehrere Möglichkeiten gibt, muss es die Box wählen, die am weitesten von der zuletzt gewählten entfernt ist.

Da die Rentiere nicht zählen können, müssen Ragna und Ottilie während der gesamten Fütterung den Überblick über alle Boxen behalten.

? FRAGE ?

Vor dem Stall stehen 33 Rentiere. In welche Box muss das letzte Rentier hineingehen, wenn alle Rentiere die Regeln einhalten?

! Antwortmöglichkeiten !

a) Es kann sich aussuchen, in welche Box es geht.
b) Es muss in die erste Box gehen.
c) Es kann zwischen den beiden mittleren Boxen wählen.
d) Es muss in die letzte Box gehen.

Die Lösung zu dieser Aufgabe findest du auf Seite 122.

Ebbe und Flut

Bei den Geschenkewichteln ist eine Schneepocken-Epidemie ausgebrochen. Die norwegischen Bergtrolle haben ihre Hilfe zugesagt und schicken große Mengen ihres geheimen Superkräfte-Kräutertranks in das Wichteldorf. Der Trank immunisiert die gesunden Wichtel für eine gewisse Zeit gegen Schneepocken. Die Oberwichtel Pascaline und Heribert erwarten sehnsüchtig die Lieferung, die am frühen Morgen per Schiff im Wichtelhafen eintreffen sollte.

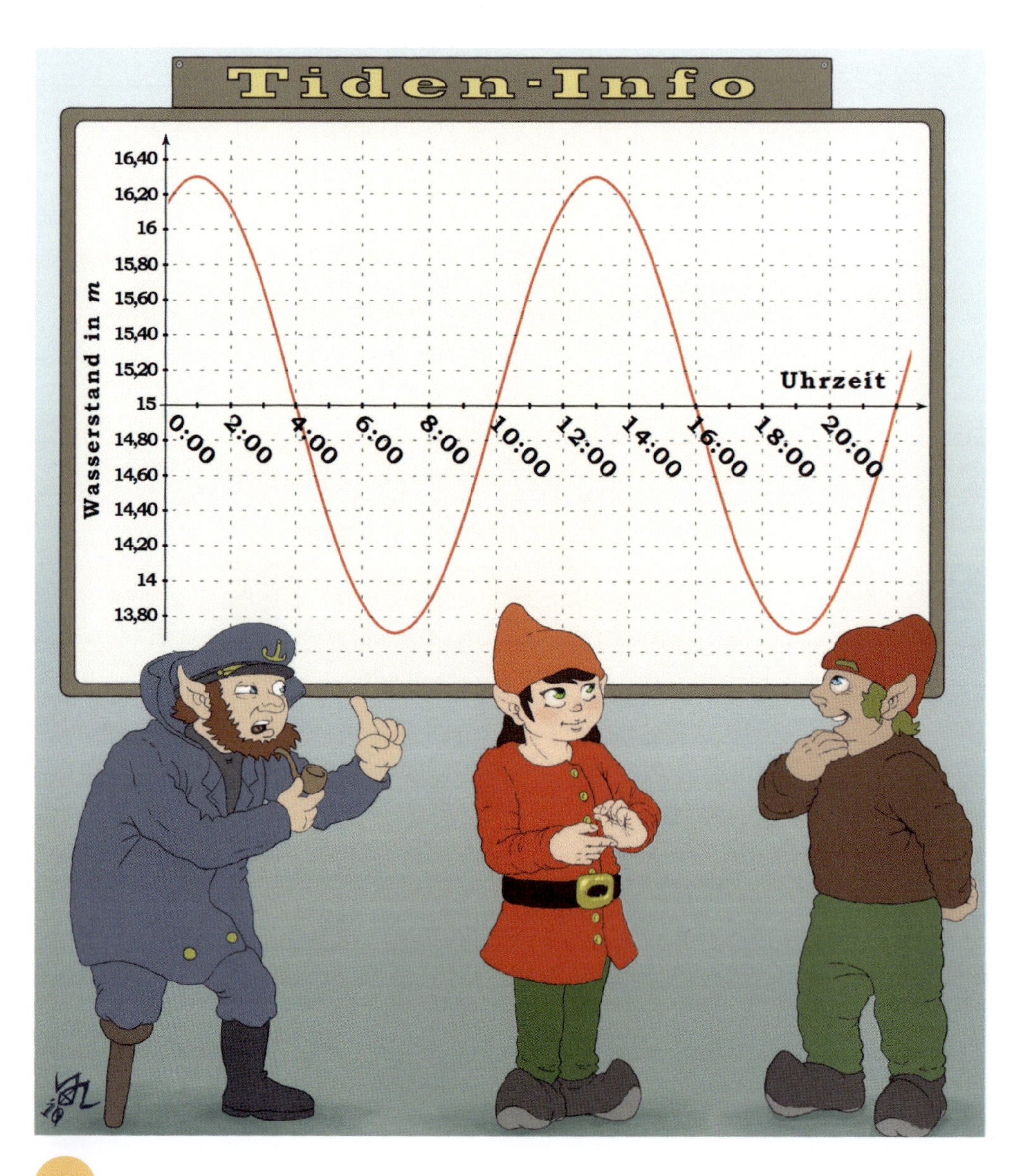

Nun ist es 9 Uhr und sie warten immer noch auf das Schiff. So langsam werden sie ungeduldig. Sie laufen ein wenig im Wichtelhafen umher und versuchen sich abzulenken. In einer Ecke entdeckt Heribert eine Tafel und sofort wird beiden klar:

Natürlich, die Tide! Ebbe und Flut, das hatten sie nicht bedacht. Pascaline weiß, dass das voll beladene Schiff der Bergtrolle einen Tiefgang von 15,70 m hat und noch 50 cm Wasser unter dem Kiel benötigt, um problemlos fahren zu können. Der mittlere Wasserstand im Wichtelhafen beträgt 15 m. Um herauszufinden, wann das Schiff endlich einlaufen kann, studieren sie die Tafel mit der Tiden-Info.

Inzwischen ist es 10:00 Uhr und das Schiff ist immer noch nicht da.

? FRAGE ?

Zu welcher Uhrzeit kann das Schiff frühestens in den Wichtelhafen einlaufen?

! Antwortmöglichkeiten !

a) ca. 00:15 Uhr
b) ca. 11:00 Uhr
c) ca. 12:15 Uhr
d) ca. 13:45 Uhr

Die Lösung zu dieser Aufgabe findest du auf Seite 126.

Fällt Weihnachten aus?

Der Weihnachtsmann hat ein schwerwiegendes Problem: In Finnland ist es Brauch, dass die Kinder ihm immer eine Portion Kekse mit Milch hinstellen. Zwar pflegen längst nicht mehr alle Kinder in Finnland diese Tradition, doch immer noch genügend. Die vielen Kekse mit Milch setzen sich direkt auf die Hüften. Sie lassen den Weihnachtsmann im Laufe seiner Reise so dick werden, dass er nicht mehr durch alle Schornsteine hindurch passt. Die Statistik-Wichtel um Balduin haben berechnet, dass der aktuelle Bauchumfang ihres Chefs 110 cm beträgt und dass dieser durch eine Portion Kekse mit Milch durchschnittlich um 0,001 cm zunimmt.

Da Finnland sehr dünn besiedelt ist, besucht er dort „nur" 1 000 000 Häuser. Wichtel Pippin plant die Route vorsorglich so, dass der Weihnachtsmann die dünneren Schornsteine zuerst besucht. Deshalb beträgt der innere Schornsteinumfang in den ersten 200 000 Häusern genau 120 cm, in den nächsten 500 000 Häusern genau 125 cm und in den letzten 300 000 Häusern beträgt er genau 130 cm. In durchschnittlich jedem 40. Haus steht eine Portion Milch und Kekse für den Weihnachtsmann liebevoll vorbereitet vor dem Kamin und er hat Hunger – so richtig viel Hunger –, sodass er alle Portionen restlos aufisst.

? FRAGE ?

Wie viele Häuser kann der Weihnachtsmann dann nicht besuchen, weil er auf dem Weg zu dick für deren Schornsteine wird?

Hinweis: Der Bauch des Weihnachtsmanns verformt sich beim Einstieg in den Schornstein so, dass er sich dem Schornstein anpasst. Nimm an, dass sich der Umfang des Bauchs dadurch nicht ändert.

! Antwortmöglichkeiten !

a) 200 000
b) 300 000
c) 800 000
d) 1 000 000

Diese Aufgabe wurde im Rahmen des Aufgabenwettbewerbs 2010 vorgeschlagen von: Clemens Förster (DMV-Abiturpreisträger)

Die Lösung zu dieser Aufgabe findest du auf Seite 130.

Erste Vorbereitungen

Am Ende der Sommerzeit treffen sich alle Wichtel im großen Festsaal des Wichteldorfs. Als Auftakt für die Vorbereitung der Adventszeit feiern sie ein großes Tanzfest. Vor dem Tanzfest hält der Weihnachtsmann auf der Bühne eine feierliche Rede, in der er die Wichtel auf die kommenden Aufgaben einschwört und seine Dankbarkeit für ihre gute Arbeit ausdrückt. Er hält diese Rede immer an einem Pult, das auf eine regelmäßige sechseckige Platte gestellt wird. Auf der Vorderkante (Kante $\overline{AB}$, siehe Bild) steht für alle gut lesbar „Der Weihnachtsmann". Dummerweise liegt die Platte im Moment verdreht auf der Bühne, sodass genau diese Kante von den Zuschauern aus nicht gesehen wird. Für die Zuschauer liegt die Kante $\overline{CD}$ vorne. Der Schriftzug auf der Kante $\overline{AB}$ steht im Moment nicht auf dem Kopf. Von oben betrachtet sieht das so aus:

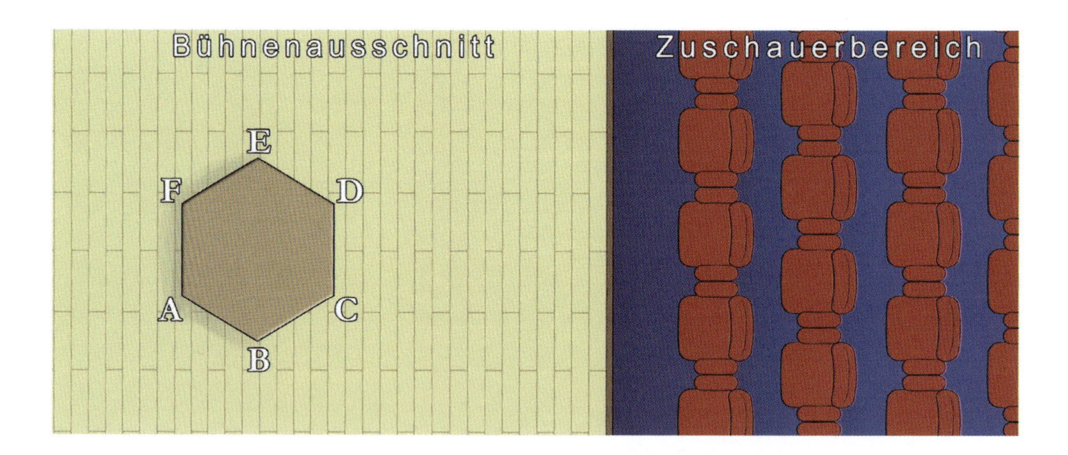

Holgar und Frodo sind dafür zuständig, die Platte in die richtige Position zu bringen. Leider ist die Platte so schwer und groß, dass Holgar und Frodo sie unmöglich tragen können. Sie können sie auch nicht schieben oder drehen, weil dann der neue Bühnenboden zerkratzt werden würde. Sie können die Platte lediglich mit sehr viel Anstrengung mehrmals über beliebige Kanten klappen. Wo die Platte am Ende auf der Bühne liegt, ist nicht so wichtig – Hauptsache, sie liegt mit der richtigen Kante $\overline{AB}$ in Richtung der Zuschauer (parallel zum Bühnenrand).

? FRAGE ?

Ist es möglich, die Platte durch einfaches oder mehrfaches Umklappen in eine Position zu bringen, in der die Kante $\overline{AB}$ und damit der Schriftzug „Der Weihnachtsmann“ nach vorne zum Bühnenrand liegt?

Hinweis: Natürlich darf dann der Schriftzug nicht auf dem Kopf stehen, damit man ihn lesen kann.

! Antwortmöglichkeiten !

a) Ja, es reicht sogar ein einziges Mal Umklappen.
b) Ja, allerdings muss man zweimal Umklappen.
c) Ja, es funktioniert – allerdings müssen die beiden die Platte mindestens viermal Umklappen.
d) Nein, es ist nicht möglich.

Die Lösung zu dieser Aufgabe findest du auf Seite 134.

Glück auf Knopfdruck

Auf dem Weihnachtsmarkt im Wichteldorf bietet Tüftelwichtel Wendel ein kleines Glücksspiel an. Er hat einen computergesteuerten Glücksspielautomaten gebaut, der auf Knopfdruck eine Zahl anzeigt. Es werden nur Einsen, Zweien und Dreien angezeigt. Erst rotieren die Zahlen in unterschiedlichem Tempo, dann bleibt eine der drei Zahlen auf dem Bildschirm stehen. Gegen einen Einsatz darf man eine Zahl benennen und den Knopf drücken. Wenn genau die getippte Zahl stehen bleibt, bekommt man das Doppelte des Einsatzes zurück.

Statistik-Wichtel Balduin beobachtet das Treiben an Wendels gut besuchtem Stand schon seit einiger Zeit. Dabei schreibt er sich die Ergebnisse auf. Von den letzten 50 Durchgängen blieb 28-mal die „3", zwölfmal die „2" und zehnmal die „1" stehen. Eine bestimmte Reihenfolge, die immer wieder vorkommt, oder ein Muster ist dabei nicht zu erkennen. Das letzte Ergebnis war eine „3", das vorletzte Ergebnis war eine „2". Balduin möchte nun als Nächster spielen.

? FRAGE ?

Welche Aussage kann er aus seinen Beobachtungen ziehen?

! Antwortmöglichkeiten !

a) Die bisherigen Ergebnisse lassen die „3" am wahrscheinlichsten erscheinen, sicher kann Balduin sich für den nächsten Durchgang aber nicht sein.

b) Da die „3" bisher am häufigsten kam, ist sie für den nächsten Versuch extrem unwahrscheinlich. Trotzdem kann Balduin nicht genau wissen, was passiert.

c) Da zuletzt eine „3" und eine „2" kamen, ist beim nächsten Mal eine „1" auf jeden Fall am wahrscheinlichsten.

d) Da die „3" zuletzt kam, wird sie beim nächsten Durchgang auf keinen Fall angezeigt werden. Ob die „1" oder die „2" fällt, ist nun Glückssache.

Die Lösung zu dieser Aufgabe findest du auf Seite 137.

Das Lichterfest

Jüdische Kinder feiern im Dezember nicht Weihnachten, sondern das achttägige Fest „Chanukka". Chanukka wird zum Gedenken an die Wiedereinweihung des zweiten Tempels in Jerusalem gefeiert. Die Familie zündet dabei einen achtarmigen Kerzenleuchter an. Deshalb wird das Fest auch „Lichterfest" genannt.

Ein weitverbreiteter Chanukka-Brauch ist das Verschenken des Dreidels. Das ist ein Kreisel, der aus einem Würfel und einem Holzstift gebastelt wird. Die Bauanleitung lautet so: Du schneidest das Würfelnetz, das du auf dem Bild sehen kannst, aus und klebst es zu einem Würfel zusammen. Anschließend steckst du einen Holzstift durch die markierten Löcher.

Die Zeichen auf dem Dreidel sind die Anfangsbuchstaben der Worte „Nes Gadol Haja Scham". Ins Deutsche übersetzt heißt das: „Dort geschah ein großes Wunder."

Zu Beginn des Spiels legen alle Spieler einen Teil der Münzen, die sie zum Chanukka-Fest von ihren Verwandten geschenkt bekommen haben, in die Mitte. Den anderen Teil behalten sie in der Hand. Die Spieler drehen nun abwechselnd den Dreidel. Wenn er umfällt, zeigt einer der vier Buchstaben nach oben. Die Buchstaben bekommen dafür eine spezielle Bedeutung:

נ	Nun	nicht	man gewinnt nichts
ג	Gimel	gut	man gewinnt alle Münzen aus der Mitte
ה	He	halb	man gewinnt die Hälfte der Münzen, aber nur, wenn die Anzahl der Münzen durch 2 teilbar ist, ansonsten gewinnt man nichts
ש	Schin	schlecht	man muss eine Münze abgeben und in die Mitte legen

Die gewonnenen Münzen werden für einen wohltätigen Zweck gespendet.

Jona und Chaja spielen mit dem Dreidel. Sie legen elf Münzen in die Mitte. Es wird abwechselnd gedreht, Chaja beginnt. Sie möchte genau sieben Münzen spenden, weil die Sieben ihre Lieblingszahl ist.

? FRAGE ?

Wie oft muss Chaja *mindestens* drehen, um *genau* sieben Münzen erhalten zu können?

! Antwortmöglichkeiten !

a) zweimal
b) dreimal
c) viermal
d) fünfmal

Diese Aufgabe wurde im Rahmen des Aufgabenwettbewerbs 2011 vorgeschlagen von: Lea Schulz (ehem. Content-Qualitätsmanagerin, bettermarks GmbH Berlin)

Die Lösung zu dieser Aufgabe findest du auf Seite 139.

Der Weihnachtsmann holt die Raute raus

Wichtel Fredi ist am Verzweifeln. Vor einiger Zeit hat der Weihnachtsmann ihm seine heiß geliebten Dominosteine weggenommen. Fredi wurde einfach zu dick - so dick, dass selbst die Rentiere Probleme hatten, ihn mitzunehmen. Und da musste der Weihnachtsmann Fredi auf Diät setzen.

Da Fredi aber heute Geburtstag hat und der Weihnachtsmann ihm eine Freude machen will, denkt er sich Folgendes aus:

Fredi soll aus einem DIN-A4-Blatt Geschenkpapier eine Raute ausschneiden, die der Weihnachtsmann mit so vielen Dominosteinen belegt, wie darauf Platz finden. Die Raute kann Fredi danach zu einer Tüte zusammenrollen und die Dominosteine darin mit nach Hause nehmen. Fredi grübelt jetzt, welche der Rauten den größten Flächeninhalt hat, damit er so viele Dominosteine wie möglich mit nach Hause nehmen kann.

? FRAGE ?

Welche der vier Rauten auf dem Bild links hat den größten Flächeninhalt?

! Antwortmöglichkeiten !

a) Raute a)
b) Raute b)
c) Raute c)
d) Raute d)

Diese Aufgabe wurde im Rahmen des Aufgabenwettbewerbs 2010 vorgeschlagen von: Roland Schröder, Mathematiklehrer und Gründer der Celler Gesellschaft zur Förderung der Mathematik

Die Lösung zu dieser Aufgabe findest du auf Seite 142.

Rentiersalat

Im Sommer genießen die meisten Wichtel die Zeit ohne den Weihnachtsstress. Aber Wichtel Ragna ist langweilig. Sofort kommt ihr eine „hervorragende“ Idee, wie sie sich den Abend lustiger gestalten könnte: Während die Rentiere gerade eine Testfahrt mit dem neuen Rennschlitten machen, schleicht sie sich in den Rentierstall und stibitzt die Liste mit allen Rentiernamen. Auf dieser Liste steht, in welcher Reihenfolge die Rentiere vor den Schlitten gespannt werden. Ohne die Liste ist Rentier-Oberwichtel Kasimir aufgeschmissen.

Wenn Kasimir die Liste wiederhaben will, muss er ein Rätsel beantworten. Ragna verschlüsselt eine Frage nach einem bestimmten System – eine Frage, die Kasimir mit Leichtigkeit beantworten kann, wenn er sie nur versteht. Erst, wenn Kasimir die Frage beantwortet, bekommt er die Rentierliste zurück.

Die Frage lautet: CGY PYGVVO KRV YAVOY AYQOGYA?

Zur Entschlüsselung gibt Ragna Kasimir einen Tipp in verschlüsselter und entschlüsselter Form. Den Tipp siehst du im Bild.

? FRAGE ?

Was ist die Antwort auf die verschlüsselte Frage?

! Antwortmöglichkeiten !

a) Blinke
b) Renner
c) Rudolph
d) Comet

Diese Aufgabe wurde im Rahmen des Aufgabenwettbewerbs 2011 vorgeschlagen von: Sven Schönewald, Schüler aus Lüneburg und Teilnehmer der niedersächsischen Talentförderung Mathematik e.V.

Diese Aufgabe wurde 2011 von den Teilnehmerinnen und Teilnehmern zur zweitbeliebtesten Aufgabe in der Klassenstufe 7 bis 9 gewählt.

Die Lösung zu dieser Aufgabe findest du auf Seite 147.

Wichtelnde Wichtel

Auch die Wichtel wichteln! Frodo und Holgar planen einen Wichtel-Abend, bei dem Schrottgeschenke aus dem letzten Jahr schon vor Weihnachten ausgetauscht werden. Dazu wollen sie viele ihrer Freunde und Kollegen einladen. Frodo schlägt vor, dies per Wichtelbook (einem sozialen Netzwerk im Internet des Weihnachtsdorfs) zu machen: „Ich lade dort einfach alle meine Freunde ein. Dann lege ich fest, dass alle Freunde von meinen Freunden auch die Einladung sehen können. Bisher habe ich 21 Freunde, so werden genug eingeladen!"

Holgar zweifelt an Frodos Idee: „Deine Wichtelbook-Freunde haben doch alle noch mehr Freunde als du. Nach den Wichtelbook-Regeln darf zwar niemand mehr als 40 Freunde haben. Aber trotzdem: Deine Wohnung wird platzen!"

? FRAGE ?

Welche der folgenden Aussagen stimmt?

! Antwortmöglichkeiten !

a) Es werden genau 40 Einladungen verschickt.
b) Zwischen 60 und 589 Wichtel werden eine Einladung bekommen.
c) Es werden mindestens 780 Wichtel eingeladen.
d) Im schlimmsten Fall werden 840 Wichtel eingeladen.

Die Lösung zu dieser Aufgabe findest du auf Seite 151.

W-Games

Im wohlverdienten Sommerurlaub treiben die Wichtel am Nordpol gern Wintersport. Einige von ihnen haben sich auf das Snowboard-Fahren spezialisiert. Jedes Jahr, kurz vor am Ende des Sommers veranstalten sie die „W-Games" - ein Turnier, auf dem sie den anderen Wichteln ihr ganzes Können präsentieren.

Bei den W-Games werden die besten Wichtel in den vier Kategorien „Zwei-Drittel-Pipe", „Parallel-Riesen-Slalom", „Weitsprung" und „Flatland-Parcours" geehrt. In jeder Kategorie wird ein Wanderpokal vergeben, den die Sieger immer von den Siegern des Vorjahres überreicht bekommen.

Die Pokale sind vier geometrische Körper aus Glas, in denen innen jeweils ein zweiter Körper einbeschrieben ist. Sie sind besonders raffiniert aufgebaut: Die Ecken der inneren Körper treffen immer die Mittelpunkte der Seitenflächen der äußeren Körper.

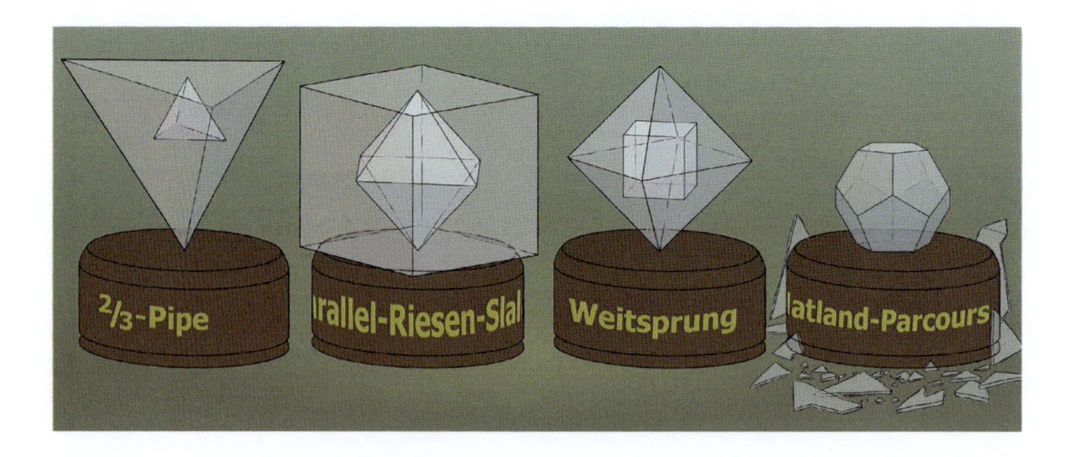

Leider ist Iphis, der Vorjahressiegerin im Flatland-Parcours, ihr Pokal heruntergefallen. Der äußere geometrische Körper ist dabei zerbrochen. Immerhin ist der innere Körper, ein Dodekaeder, ganz geblieben, wie du im Bild siehst.

Zum Glück ist Glasbläserwichtel Leas ihr Bruder. Er soll den Flatland-Pokal reparieren. Leas schaut den heilen inneren Körper an und fragt sich:

? FRAGE ?

Welcher äußere Körper ist zerbrochen?

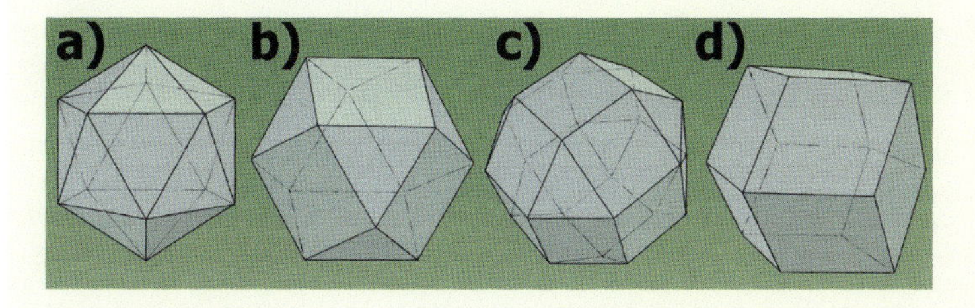

! Antwortmöglichkeiten !

a) Ikosaeder
b) Kuboktaeder
c) Rhombenkuboktaeder
d) Rhombendodekaeder

Die Lösung zu dieser Aufgabe findest du auf Seite 157.

Rennschlitten

Beim Verteilen der Geschenke in Australien braucht der Weihnachtsmann in diesem Jahr Verstärkung. Denn auch die australischen Kinder wünschen sich immer mehr Geschenke. Chef-Routenplaner Pippin übernimmt deshalb die Verantwortung über einen kleinen, etwas klapprigen Beischlitten, der alle Geschenke für die Wüstenstädte Westaustraliens trägt. Zusammen mit dem Schlitten des Weihnachtsmanns können so alle Geschenke auf einmal transportiert werden. Vom Nordpol bis nach Australien ist es nämlich ein weiter Weg, den keiner zweimal fliegen möchte.

Der neue Rennschlitten des Weihnachtsmanns ist allerdings dreimal so schnell wie Pippins Beischlitten. Dadurch wird der Weihnachtsmann viel früher in Canberra, Australiens Hauptstadt, ankommen. Er soll dann in einer großen Runde schon mal die Geschenke für Ostaustralien verteilen. Wenn später auch Pippin in Canberra eingetroffen sein wird, werden sie sich zusammen auf den Weg in Richtung Westen machen.

Die beiden Schlitten starten, wie geplant, zusammen aus dem Wichteldorf am Nordpol. Als der Weihnachtsmann in Canberra ankommt, stellt er allerdings fest, dass er zwei Geschenke und dummerweise auch den Geschenke-Verteilungsplan auf Pippins Schlitten vergessen hat. Ohne den geht es beim besten Willen nicht! Sofort wendet er, um den Plan und die Geschenke zu holen. Er fliegt in Canberra wieder in Richtung Nordpol los und trifft nach ca. 7 000 Kilometern Pippin, der ihm alles überreicht.

? FRAGE ?

Wie weit ist demnach ungefähr der Weg vom Wichteldorf bis nach Canberra?

! Antwortmöglichkeiten !

a) 14 000 km
b) 23 333 km
c) 32 800 km
d) 49 716 km

Diese Aufgabe wurde im Rahmen des Aufgabenwettbewerbs 2011 vorgeschlagen von: Elisabeth Reichert, Referentin für Soziales, Jugend und Kultur der Stadt Fürth/Bayern

Die Lösung zu dieser Aufgabe findest du auf Seite 160.

Einzelkinder

Gestern Abend rauschte Statistik-Wichtel Balduin in das Zimmer des Wichtel-Planungsrats. Dort sitzen alle Wichtel, die daran arbeiten, die Arbeit im Weihnachtsdorf zu optimieren. Balduin ist mit seinen Statistiken eine der wichtigsten Informationsquellen: „Ich habe gerade eine Mail von unserer Außenstelle in Wiesbaden erhalten. Endlich haben wir Zahlen darüber, wie viele Kinder in Deutschland keine Geschwister haben: Jedes vierte Kind, das wir in Deutschland beliefern, ist ein Einzelkind!"

„Naja", warf Esmeralda, zwischen Papierbergen, Keksen, Stiften und Punsch versunken, ein, „das ist zwar interessant, hilft uns aber erst einmal wenig. Für die Koordination der Geschenkeverteilung wäre viel interessanter, in wie vielen Haushalten – also in wie vielen Wohnungen – nur ein Kind wohnt."

Balduin stutzte. Diese Information wäre tatsächlich noch nützlicher, um die Geschenkeverteilung zu optimieren. „Aber, warte! Das kann man doch bestimmt ganz einfach berechnen! Wenn jedes vierte Kind mit seinen Eltern alleine wohnt, dann wohnen in den Haushalten ... hmm, na ja ..."

? FRAGE ?

In wie vielen der deutschen Haushalte mit Kindern, die vom Weihnachtsmann beliefert werden, lebt nach den Informationen der Wiesbadener Außenstelle nur ein Kind?

Hinweis: Für den Weihnachtsmann sind nur die Haushalte mit Kindern interessant. Die kinderlosen Haushalte spielen hier keine Rolle.

! Antwortmöglichkeiten !

a) In genau 25 % der Haushalte mit Kindern leben Einzelkinder.
b) In genau 40 % der Haushalte mit Kindern leben Einzelkinder.
c) Für die Bestimmung des genauen Prozentsatzes reicht Balduins Information nicht aus, aber es sind auf jeden Fall mehr als 25 %.
d) Für die Bestimmung des genauen Prozentsatzes reicht Balduins Information nicht aus, aber es sind auf jeden Fall weniger als 25 %.

Die Lösung zu dieser Aufgabe findest du auf Seite 162.

Das Gruppenbild

Die Rentiere und Wichtel haben Elsbeth gestern zum 60. Jubiläum als Bürgermeisterin des Wichteldorfs überrascht und ihr ein wunderschönes Gruppenbild geschenkt. Gerührt hat sie es mit einem Nagel an der Wand neben ihrem Schreibtisch aufgehängt. Doch als sie heute Morgen in ihr Büro kam, lag das Bild am Boden. Der Nagel hatte sich aus der brüchigen alten Wand gelöst und das Bild war heruntergefallen.

Deshalb geht Elsbeth heute auf Nummer sicher: Sie schlägt zwei Nägel in die Wand und wickelt die Schnur zur Sicherheit noch einige Male um sie herum.

In einem Anfall von Kreativität fallen ihr dafür gleich vier verschiedene Möglichkeiten ein. Diese siehst du im Bild. Eine dieser Möglichkeiten ist aber nicht so sicher wie die anderen. Wenn sich bei dieser Möglichkeit einer der beiden Nägel löst (und zwar egal welcher), wird das Bild nicht vom anderen Nagel gehalten.

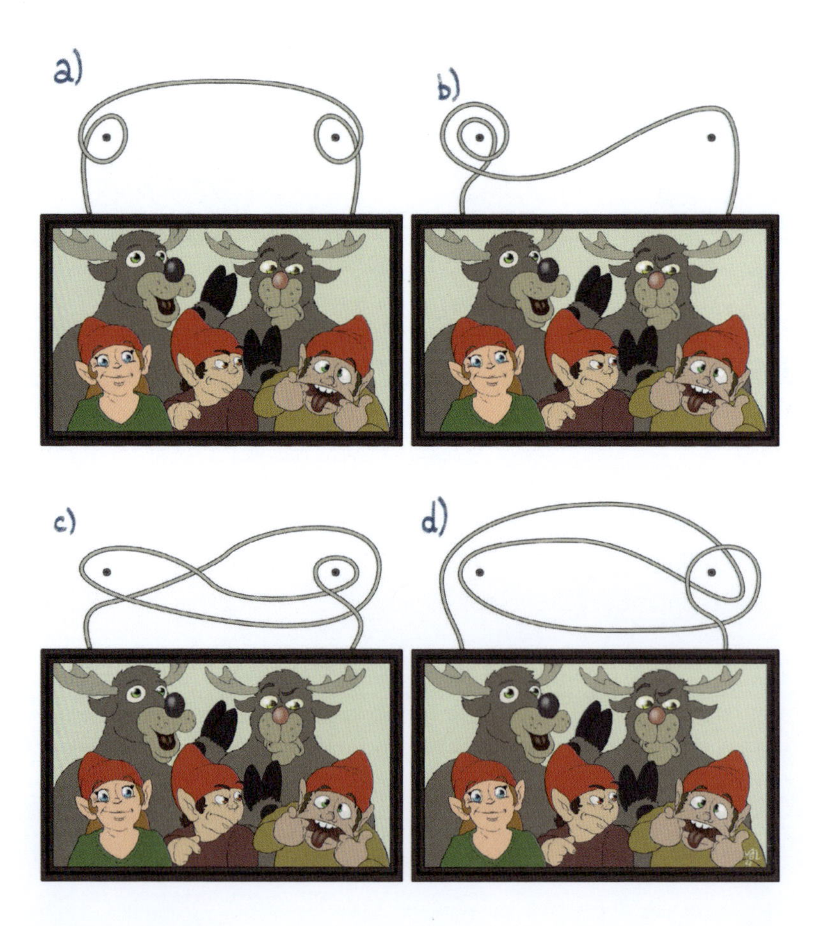

? FRAGE ?

Bei welcher dieser vier Möglichkeiten fällt das Bild herunter, wenn sich auch nur einer der beiden Nägel löst, egal welcher?

! Antwortmöglichkeiten !

a) Möglichkeit a)
b) Möglichkeit b)
c) Möglichkeit c)
d) Möglichkeit d)

Die Lösung zu dieser Aufgabe findest du auf Seite 166.

Weihnachtsbaum 2.0

Der Weihnachtsmann möchte in diesem Jahr im großen neuen Tanzsaal einen außergewöhnlichen Weihnachtsbaum haben. Tüftelwichtel Wendel hat sich ans Werk gemacht und etwas Besonderes erfunden: *schwebende Lichtkugeln*. Diese schweben in einem Abstand von 10 cm um den Baum und „wandern“ die ganze Zeit umher. Sie leuchten in drei verschiedenen Farben: gelb, rot und weiß (siehe Bild).

Beim Umherschweben treffen immer wieder Kugeln aufeinander. Dann gibt es einen kurzen Glitzereffekt. Falls sich zwei verschiedenfarbige Kugeln treffen, wechseln beide nach dem Glitzern ihre Farbe und nehmen die dritte Farbe an (wenn sich z. B. eine rote und eine weiße Kugel begegnen, werden sie nach kurzem Glitzern beide gelb). Falls sich zwei gleichfarbige oder mehr als zwei Kugeln (egal welcher Farben) treffen, passiert nichts. Die Kugeln behalten in diesem Fall nach dem Glitzern ihre Farbe.

Stolz stellt Wendel dem Weihnachtsmann seine Errungenschaft vor. Von den zehn Kugeln, die um die Tanne schweben, sind am Anfang sieben rot, zwei weiß und eine gelb. Nun beginnt das Spektakel und der Weihnachtsmann ist begeistert. Interessiert fragt er:

? FRAGE ?

„Kann es eigentlich passieren, dass irgendwann alle Kugeln dieselbe Farbe haben und dann keine Farbwechsel mehr stattfinden?"

Tipp: Versuche, eine Kombination zu finden, bei der nach dem nächsten Schritt alle Kugeln dieselbe Farbe haben können und schaue, ob diese Kombination aus dem Anfangszustand hervorgehen kann.

! Antwortmöglichkeiten !

a) Ja, das kann passieren. Dann sind alle Kugeln rot.
b) Ja, das kann passieren. Dann sind alle Kugeln gelb.
c) Ja, das kann passieren. Dann sind alle Kugeln weiß.
d) Nein, das kann niemals passieren.

Diese Aufgabe wurde im Rahmen des Aufgabenwettbewerbs 2012 vorgeschlagen von: Johann Sjuts, Mathemacher des Monats April 2013, Kognitiver Mathematiker der Universität Osnabrück, Oberstudiendirektor und Leiter des gymnasialen Studienseminars in Leer (Ostfriesland)

Die Lösung zu dieser Aufgabe findest du auf Seite 169.

Die Wichtel in der Sahara

Wichtel Waldemar liebt den Sommer und warme Temperaturen. Deshalb bekommt er jedes Jahr den Auftrag, die Wünsche der Kinder in den Oasenstädten der Sahara herauszufinden. Dort kommt die Post nämlich nicht so regelmäßig vorbei. Damit auch diese Wünsche erfüllt werden können, holt Waldemar sie persönlich ab.

Er beginnt seinen Weg in der letzten Stadt am Rande der Sahara, in Timbuktu. Von dort führen keine befestigten Straßen in Richtung der Oasen. Auf dem Weg durch die Wüste gibt es keine Brunnen und natürlich auch keinen Supermarkt, deshalb muss der gesamte Proviant in Timbuktu eingekauft und mitgenommen werden.

Wichtel Waldemar braucht für die gesamte Tour durch die Wüste und wieder zurück nach Timbuktu sechs Tage. So schnell schaffen es die Kamele nicht und für die fliegenden Rentiere ist es viel zu warm. Aber Wichtel Waldemar kann nur vier Tagesrationen Essen und Getränke schleppen – zu wenig für die sechs Tage dauernde Tour. Die einzigen möglichen Begleiter sind andere Wichtel. Die können aber nur genauso viel tragen wie Waldemar, gerade einmal vier Tagesrationen Essen und Getränke kann jeder Wichtel maximal schleppen.

? FRAGE ?

Wie viele Wichtel muss Waldemar *mindestens* mitnehmen, damit keiner der Wüstenwichtel auf der Tour verhungert oder verdurstet und auch er selbst wohlbehalten nach Timbuktu zurückkehrt?

! Antwortmöglichkeiten !

a) 1
b) 2
c) Er schafft das allein.
d) Das ist gar nicht möglich.

Die Lösung zu dieser Aufgabe findest du auf Seite 175.

Das gestreifte Schaf

Da sich zu Weihnachten immer so viele Menschen warme Wollpullover wünschen, gibt es im Wichteldorf schon seit längerer Zeit eine Schafherde. Eines der Schafe ist seltsamerweise gestreift. Wichtel Benno kümmert sich liebevoll um alle Schafe. Er verbringt jede wache Minute mit ihnen, pflegt und beobachtet sie.

Eines Tages macht Benno eine interessante Entdeckung:

Wenn er die Schafe in Paare aufteilt, bleibt das gestreifte Schaf übrig. Wenn er sie in Dreiergruppen aufteilt, bleibt auch das gestreifte Schaf übrig. Auch wenn er sie in Gruppen zu je vier, fünf, sechs, sieben, acht, neun und zehn Schafen aufteilt, bleibt immer das eine gestreifte Schaf alleine übrig.

? FRAGE ?

Welches ist die kleinste Anzahl an Schafen, die Bennos Herde unter diesen Bedingungen haben kann?

! Antwortmöglichkeiten !

a) 421
b) 2 521
c) 27 612
d) 3 628 801

Diese Aufgabe wurde im Rahmen des Aufgabenwettbewerbs 2012 vorgeschlagen von: Dr. Johann Sjuts, Mathemacher des Monats April 2013, Kognitiver Mathematiker der Universität Osnabrück, Oberstudiendirektor und Leiter des gymnasialen Studienseminars in Leer (Ostfriesland)

Die Lösung zu dieser Aufgabe findest du auf Seite 178.

Verknotete Weihnachten

Der Weihnachtsmann muss sich beeilen, er ist schon spät dran. Heute müssen alle Geschenke auf der ganzen Welt verteilt werden. Nur noch die Rentiere vor den Schlitten spannen und los geht's! Doch was ist das? Da hat sich ein Rentierwichtel einen Scherz erlaubt und die Zügel völlig durcheinander zusammengeknotet! Den Knoten siehst du im Bild:

„Das war bestimmt Ragna!“, denkt der Weihnachtsmann und muss schmunzeln: Er hat sofort erkannt, dass die Zügel wie in einem keltischen Knoten zusammengeknotet sind. Keltische Knoten sind ein geschlossenes Band oder mehrere geschlossene Bänder, die in bestimmten Mustern ineinander verschlungen sind.

? FRAGE ?

Wie viele Bänder (Zügel) sind in diesem Muster (siehe Bild links) ineinander verschlungen?

! Antwortmöglichkeiten !

a) 4
b) 5
c) 6
d) 7

Die Lösung zu dieser Aufgabe findest du auf Seite 181.

Möbiusbänder

Am Abend des 24. Dezember sitzen die Geschenkewichtel Iffi und Walli in der leeren Geschenkefabrik und atmen durch. Alle Geschenke sind verpackt und auf den Schlitten geladen. Nun ist die Fabrik wie ausgestorben. Während Walli die stressige Adventszeit Revue passieren lässt, spielt Iffi in Gedanken versunken mit den herumliegenden Resten der Geschenkbänder.

Sie nimmt Schere und Kleber, verdreht zwei Stücke Geschenkband um 180° und klebt die Enden zusammen. Dadurch erhält sie zwei Möbiusbänder. Ein Band hat sie linksherum gedreht, das andere Band rechtsherum:

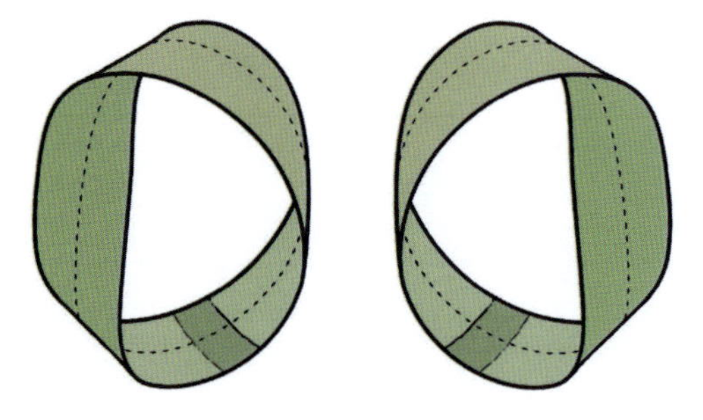

Dann klebt sie die beiden Möbiusbänder im rechten Winkel zusammen, wie im Bild zu sehen ist:

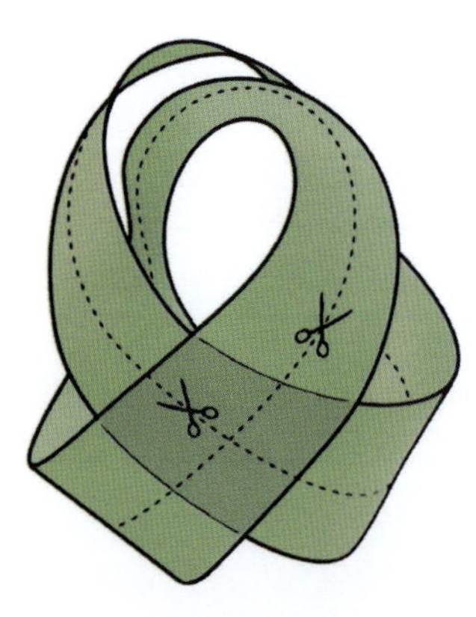

Nachdem der Kleber getrocknet ist, schneidet sie beide Bänder entlang der gestrichelten Linien in der Mitte komplett durch.

? FRAGE ?

Was erhält Iffi, wenn sie die beiden zusammengeklebten Möbiusbänder entlang der gestrichelten Linien komplett durchgeschnitten hat?

Tipp: Probiere es selbst aus. Achte beim Herstellen der Möbiusbänder auf die unterschiedliche Drehrichtung. Es muss so aussehen wie auf den Bildern. Sei vorsichtig beim Zerschneiden, sonst fällt die Figur auseinander.

! Antwortmöglichkeiten !

a) zwei einzelne, nicht verdrehte Bänder

b) ein langes und ein kurzes Band, beide zweimal verdreht, die senkrecht aneinander kleben

c) zwei ineinander verschlungene Möbiusbänder

d) zwei ineinander verschlungene Herzen

Die Lösung zu dieser Aufgabe findest du auf Seite 183.

2
Lösungen und Ergänzungen zu den Aufgaben

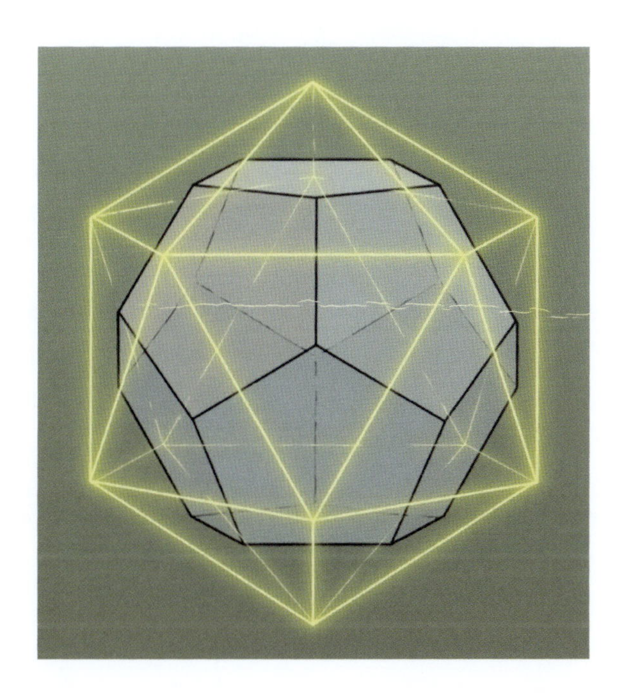

Travelling Weihnachtsmann

Antwortmöglichkeit b) ist richtig. Der kürzeste Weg ist 1226 km lang.

Wenn du auf die Deutschlandkarte schaust, könnte man meinen, dass es sehr viele verschiedene Wege von Himmelpfort nach St. Nikolaus gibt. Theoretisch kannst du auch unendlich viele Wege finden, wenn du nur oft genug im Kreis gehst oder Strecken hin- und zurückfliegst. Deshalb musst du sinnvolle Einschränkungen machen, um das Problem zu lösen. Tatsächlich kommen nur wenige Wege von Himmelpfort nach St. Nikolaus infrage, wenn du voraussetzt, dass Waldemar keinen Ort zweimal anfliegt und er keine „Kreise" fliegt. Berücksichtigen musst du auch, dass er keinen Ort quasi als „Insel" auslässt und alle Orte drumherum vorher anfliegt. Daraus resultieren auf jeden Fall unnötige Strecken.

Du findest elf Routen, wenn du alle sinnvollen Wege systematisch durchgehst und schnell sichtbare längere Strecken ausschließt. Zunächst zweigen von Himmelpfort vier verschiedene Wege ab, an denen Wichtel Waldemar starten kann. Anschließend folgen weitere Verzweigungsmöglichkeiten.

Alle Wege von Himmelpfort nach St. Nikolaus über Himmelpforten

	1. Möglichkeit	2. Möglichkeit	3. Möglichkeit	4. Möglichkeit	5. Möglichkeit	6. Möglichkeit
1. Ort	Himmel-pforten	Himmel-pforten	Himmel-pforten	Himmel-pforten	Himmel-pforten	Himmel-pforten
2. Ort	Nikolausdorf	Nikolausdorf	Nikolausdorf	Nikolausdorf	Himmelreich	Nikolausdorf
3. Ort	Himmelreich	Himmelreich	Himmelreich	Engelskirchen	Nikolausdorf	Himmelreich
4. Ort	Himmelsthür	Himmelsthür	Engelskirchen	Himmelreich	Engelskirchen	Himmelsthür
5. Ort	Himmelsberg	Himmelsberg	Himmelsthür	Himmelsthür	Himmelsthür	Engelskirchen
6. Ort	Engelskirchen	Himmelsstadt	Himmelsberg	Himmelsberg	Himmelsberg	Himmelsberg
7. Ort	Himmelsstadt	Engelskirchen	Himmelsstadt	Himmelsstadt	Himmelsstadt	Himmelsstadt
Strecke	1 299 km	**1 226 km**	1 432 km	1 378 km	1 445 km	1 400 km

Die kürzeste Strecke dieser ersten sechs Wege nach St. Nikolaus über Himmelpforten liegt bei 1 226 km (gelb markiert). Da diese Lösung unter den vier Antwortmöglichkeiten angeboten wurde, kommt sie auch infrage. Es bleibt jedoch noch offen, ob auch die kürzere zur Wahl stehende Gesamtstrecke von 1 115 km einen möglichen Weg darstellt. Du musst von daher noch andere Routen prüfen, die nicht als erstes nach Himmelpforten führen.

Alle Wege von Himmelpfort nach St. Nikolaus über Himmelsberg, Himmelsthür und Himmelreich

Nun kannst du die Route nach St. Nikolaus auch über die drei anderen in der Nähe von Himmelpfort liegenden Orte (Himmelsberg, Himmelsthür und Himmelreich) legen. Hier gibt es jedoch jeweils nur zwei oder über Himmelsthür sogar nur eine Möglichkeit, die du berücksichtigen musst. Bei den anderen Wegen kannst du entweder einen Ort gar nicht erreichen oder du würdest einen doppelt überqueren. Beides kommt nicht infrage.

	7. Möglichkeit	8. Möglichkeit	9. Möglichkeit	10. Möglichkeit	11. Möglichkeit
1. Ort	Himmelsberg	Himmelsberg	Himmelsthür	Himmelreich	Himmelreich
2. Ort	Himmelsthür	Himmelsstadt	Himmelreich	Himmelpforten	Himmelpforten
3. Ort	Himmelreich	Himmelsthür	Himmelpforten	Nikolausdorf	Nikolausdorf
4. Ort	Himmelpforten	Himmelreich	Nikolausdorf	Engelskirchen	Engelskirchen
5. Ort	Nikolausdorf	Himmelpforten	Engelskirchen	Himmelsberg	Himmelsthür
6. Ort	Engelskirchen	Nikolausdorf	Himmelsberg	Himmelsthür	Himmelsberg
7. Ort	Himmelsstadt	Engelskirchen	Himmelsstadt	Himmelsstadt	Himmelsstadt
Strecke	1 307 km	1 392 km	1 403 km	1 448 km	1 545 km

Wie du in dieser zweiten Tabelle siehst, sind hier alle Wegstrecken länger als 1 226 km. Somit hast du das *Minimum* (die kürzeste Strecke zwischen Himmelpfort und St. Nikolaus) mit der zweiten Möglichkeit gefunden. Wenn Wichtel Waldemar den Weg von Himmelpfort über Himmelpforten, Nikolausdorf, Himmelreich, Himmelsthür, Himmelsberg, Himmelstadt und Engelskirchen nach St. Nikolaus nimmt, legen seine Rentiere die kürzestmögliche Strecke zurück:

260 km + 113 km + 109 km + 51 km + 107 km + 177 km + 207 km + 202 km = 1 226 km

Durch geschickte Überlegungen vorab kannst du dir einige ungünstige Wegstreckenberechnungen sparen. Hierzu zwei Beispiele:

1. Es fällt schnell auf, dass es wenig Sinn macht, einen großen Kreis oder ständig im „Zickzack" von Norden nach Süden oder von Osten nach Westen zu fliegen. Ein möglichst direkter Weg stellt sich schnell als der richtige Ansatz heraus. Beispielsweise liegt es nahe, Nikolausdorf, Himmelreich, Himmelsthür und Himmelsberg nacheinander anzufliegen, da sie annähernd auf einer geraden Strecke liegen.

2. Ebenso ist es kürzer, von Himmelsberg aus die Route über Himmelstadt und danach Engelskirchen nach St. Nikolaus zu wählen, als zuerst über Engelskirchen und dann Himmelstadt anzufliegen, denn 177 km ist kürzer als 244 km und 202 km kürzer als 228 km.

Blick über den Tellerrand

Bei dieser Aufgabe handelt es sich um eine vereinfachte Variante des „Travelling Salesman Problems" (oder „Problem des Handlungsreisenden"). Dabei sollen verschiedene Punkte (oder Orte) so miteinander verbunden werden, dass die zurückgelegte Gesamtstrecke so kurz wie möglich ist. In der Mathematik wird schon lange nach Methoden gesucht, um solche Wegeprobleme zu optimieren. Diese Problematik ist in vielen praktischen Anwendungen wichtig, zum Beispiel bei der Planung von Routen für die Paketzustellung, bei Kundendiensttouren oder beim Design von Mikrochips.

Je größer die Anzahl der Punkte (oder Städte) ist, die verbunden werden müssen, desto mehr mögliche Wege gibt es. Schnell wird die Sache sehr komplex. Gute Rechenverfahren und geschickte Überlegungen können die Probleme vereinfachen.

Alle Wege durchzuprobieren, nennt man die „Brute-Force"-Methode. Das funktioniert zwar immer, ist aber meist nicht praktikabel, weil es sehr umständlich wird, viel zu lange dauert und damit auch sehr viel Rechenkapazität verbraucht. Mathematiker_innen entwickeln daher immer neue *Algorithmen* (standardisierte Rechenmethoden), welche die beste Lösung finden, ohne alle Wege durchzurechnen. In diese Algorithmen gehen solche sinnvollen Überlegungen ein, wie sie in der Lösung beschrieben wurden. Sie werden für Computerprogramme gebraucht. Dadurch können immer komplexere Wegeprobleme in immer kürzerer Zeit gelöst werden.

Der momentane Rekord für das Berechnen einer kürzesten Rundreise wurde für einen Weg durch 85 900 Städte aufgestellt. Würden hier alle möglichen Wege durchgetestet, wäre die Anzahl der durchzurechnenden Wegstrecken eine Zahl mit mehr als 386 500 Stellen. Auch ein moderner Computer wäre damit überfordert.

Es gibt auch Wegoptimierungsalgorithmen, die einem zwar nicht immer die beste Lösung liefern, aber mit einer sehr hohen Wahrscheinlichkeit zumindest eine recht gute Lösung. So kann man mittlerweile schon für eine Rundtour durch Millionen von Städten in einer annehmbaren Zeit eine akzeptable Route finden. Dies reicht für viele in der Wirtschaft auftretende Probleme aus.

Eine Grundlage für die Wegoptimierung hat das Verhalten von Ameisen geliefert: Die Ameisen hinterlassen *Pheromone* (Duft- bzw. Botenstoffe zum Informationsaustausch innerhalb einer Art) auf dem Rückweg von ihrer Nahrungsquelle und folgen selbst den markantesten Pheromonspuren. Sind die Ameisen auf einem schnelleren Pfad unterwegs, laufen sie öfter hin und her und hinterlassen auf dieser Strecke mehr Pheromone. Andere Ameisen folgen diesem Pfad dann eher und so bilden sich sogenannte wegstreckenoptimierte „Trampelpfade“.

Der Wunschzetteltresor

Antwortmöglichkeit a) ist richtig. Bodo muss nur eine Kombination probieren.

Primzahlen sind nur durch 1 und durch sich selbst teilbar. Sie haben also genau zwei natürliche Zahlen als Teiler. Die 1 ist deshalb nicht *prim* (so nennt man Zahlen, die Primzahlen sind).

Um die Aufgabe zu lösen, gehst du am besten rückwärts vor. Zuerst suchst du die möglichen einstelligen Primzahlen *A*, *B* und *C* des Codes. Nur die Zahlen *2*, *3*, *5 oder 7* erfüllen diese Bedingung. Folglich kann der Code maximal aus drei dieser vier Zahlen zusammengesetzt sein.

Die zweite Bedingung besagt, dass die zweistelligen Codezahlen *AB* und *BC* ebenfalls Primzahlen sein müssen. Überlege dir also alle möglichen Zweier-Kombinationen aus diesen vier Zahlen und untersuche, welche davon Primzahlen sind. Stellst du die „2" an die Zehnerstelle, kann an der Einerstelle auch eine „2" oder eine „3" oder eine „5" oder eine „7" stehen (s. u.). Es gibt also vier mögliche Zweier-Kombinationen mit einer „2" an erster Stelle. Stellst du die „3" an die Zehnerstelle, können an der Einerstelle ebenso die „2", die „3", die „5" oder die „7" stehen usw. Es gibt also wieder vier mögliche Zweier-Kombinationen. Insgesamt musst du $4 \cdot 4 = 16$ Zweier-Kombinationen untersuchen:

22, 23, 25, 27 - 32, 33, 35, 37 - 52, 53, 55, 57 - 72, 73, 75, 77

Alle geraden Zahlen, also hier 22, 32, 52 und 72, sind durch zwei teilbar und somit nicht prim. Ebenso verhält es sich mit den Zahlen, die eine „5" an der Einerstelle stehen haben: 25, 35, 55 und 75. Sie sind alle durch fünf teilbar. Zu prüfen sind also nur noch: 23, 27, 33, 37, 53, 57 und 73.

Laut der 3er-Regel, ist eine Zahl durch 3 teilbar, wenn ihre *Quersumme* durch 3 teilbar ist. Da 27 die Quersumme $2 + 7 = 9$ hat und 3 ein Teiler von 9 ist („3 teilt 9", kurz: „$3 \mid 9$"), ist 27 durch 3 teilbar. Gleiches gilt offensichtlich für $33 = 3 \cdot 11$ und 57 ($5 + 7 = 12$ und „3 teilt 12", kurz: „$3 \mid 12$"). 77 stammt aus der Elferreihe $7 \cdot 11$ und ist damit auch nicht prim. Die vier Zahlen 23, 37, 53 und 73 haben in der Tat nur jeweils zwei Teiler (1 und sich selbst) und sind deshalb prim.

Aus diesen vier zweistelligen Primzahlen musst du nun die Paare heraussuchen, bei denen jeweils die Einerstelle der ersten Zahl mit der Zehnerstelle der zweiten Zahl übereinstimmt, z. B. 2**3** und **3**7, und diese zu einer dreistelligen Zahl „zusammenschieben". Die beiden Beispielzahlen 2**3** und **3**7 werden dann zu 2**3**7.

Allgemein bildest du aus den zweistelligen Zahlen *A**B*** und ***B**C* die dreistellige Zahl *A**B**C*. Dabei muss ***B*** sowohl in der Zahl *A**B*** als auch in der Zahl ***B**C* die gleiche Ziffer sein. Über *A* und *C* ist nichts gesagt: Sie können gleich oder verschieden sein. Alle möglichen Zahlen *A**B**C* musst du dann durch einen Primzahltest schicken, um zu überprüfen, ob die Primzahlbedingung in der Aufgabe erfüllt ist.

Nur folgende vier Dreier-Kombinationen kommen infrage: 237, 373, 537 *und* 737.
- 237 hat die Quersumme 12 (= 2 + 3 + 7) und ist deswegen durch 3 teilbar.
- 537 hat die Quersumme 15 und damit ebenfalls den Teiler 3.
- 737 = 11 · 67. Die Zahl 737 ist also durch 11 und durch 67 teilbar, also ist auch diese Zahl nicht prim.
  Für die Teilbarkeit durch 11 gibt es auch eine Teilbarkeitsregel. Sie ist etwas unbekannter, aber ganz einfach. In der „mathematischen Exkursion" dieser Aufgabe wird sie erläutert.

Von den vier dreistelligen Zahlen 237, 373, 537 und 737 hat nur die 373 keine Teiler außer 1 und sich selbst, ist also eine Primzahl. Bodo braucht also nur die eine Kombination 373 als Code für den Tresor ausprobieren.

Mathematische Exkursion

Bei der Suche nach Teilern einer natürlichen Zahl helfen dir die Teilbarkeitsregeln. Wir möchten dir hier alle Teilbarkeitsregeln bis zur 11er-Regel vorstellen. Warum sie gelten, wollen wir hier nicht erklären. Du kannst selbst darüber nachdenken, das ist gar nicht so schwer.

1. Gruppe: 2er-, 4er- und 8er-Regel

2er-Regel: Jede gerade Zahl ist durch 2 teilbar.

4er-Regel: Jede Zahl ist durch 4 teilbar, wenn die Zahl, die man aus den letzten beiden Stellen bilden kann, auch durch 4 teilbar ist.

Beispiel: 920 ist durch 4 teilbar, weil 20 durch 4 teilbar ist (20 = 4 · 5).

8er-Regel: Jede Zahl ist durch 8 teilbar, wenn die Zahl, die man aus den letzten drei Stellen bilden kann, auch durch 8 teilbar ist.

Beispiel: 1 112 ist durch 8 teilbar, weil 112 durch 8 teilbar ist ($112 = 8 \cdot 14$).

2. Gruppe: 3er- und 9er-Regel

3er-Regel: Eine Zahl ist durch 3 teilbar, wenn ihre Quersumme durch 3 teilbar ist.
9er-Regel: Eine Zahl ist durch 9 teilbar, wenn ihre Quersumme durch 9 teilbar ist.

Beispiel: 567 ist durch 9 teilbar, weil die Quersumme $Q(567) = 5 + 6 + 7 = 18$ durch 9 teilbar ist.

3. Gruppe: 5er- und 10er-Regel

5er-Regel: Eine Zahl ist durch 5 teilbar, wenn die letzte Ziffer der Zahl eine 5 oder 0 ist.
10er-Regel: Eine Zahl ist durch 10 teilbar, wenn die letzte Ziffer der Zahl eine 0 ist.

Zusammengesetzte Regel

6er-Regel: Eine Zahl ist durch 6 teilbar, wenn sie durch 2 und durch 3 teilbar ist.

Dies liegt daran, dass $6 = 2 \cdot 3$ ist. Man kann deshalb auch die 2er- und die 3er-Regel zusammenfassen und sagen: „Eine Zahl ist durch 6 teilbar, wenn sie gerade ist und die Quersumme durch 3 teilbar ist.“

Ähnlich könnte man auch andere Teilertests für zusammengesetzte Zahlen, z. B. die 12er-Regel, formulieren.

Besondere Regeln

Erste 7er-Regel (Verdreifachen und Addieren):
Du verdreifachst die erste Ziffer der Zahl und addierst diese zur zweiten Ziffer. Das Ergebnis verdreifachst du erneut und addierst es dann zur dritten Ziffer. Dieses Verfahren setzt du solange fort, bis keine Ziffer mehr vorhanden ist. Ist das Endergebnis deiner Rechnung durch 7 teilbar, so ist auch die Ausgangszahl durch 7 teilbar.

Beispiel:
1 246 →
$1 \cdot 3 + 2 = 5$
$5 \cdot 3 + 4 = 19$
$19 \cdot 3 + 6 = 57 + 6 = 63$
$63 = 7 \cdot 9$
Also ist 1 246 durch 7 teilbar.

Zweite 7er-Regel (Verdoppeln und Subtrahieren):
Du verdoppelst die letzte Ziffer der Zahl und subtrahierst das Ergebnis von der Restzahl. Dies wiederholst du solange, bist du einfach prüfen kannst, ob das Ergebnis durch 7 teilbar ist. Ist dies der Fall, ist auch die ursprüngliche Zahl durch 7 teilbar.

Beispiel:
1246 →
$124 - 2 \cdot 6 = 124 - 12 = 112$
$11 - 2 \cdot 2 = 11 - 4 = 7$

11er-Regel:
Eine Zahl ist durch 11 teilbar, wenn die *alternierende* Quersumme durch 11 teilbar ist.

‚Alternierend' bedeutet so viel wie ‚abwechselnd' subtrahieren und addieren: erst „-" rechnen, dann „+" und dann wieder erst „-" und dann „+" usw. Die alternierende Quersumme von 737 ist:

$Q\,(737) = 7 - 3 + 7 = 4 + 7 = 11$

Da die alternierende Quersumme 11 durch 11 teilbar ist, ist auch die ursprüngliche Zahl 737 durch 11 teilbar. So kannst du auch größere Zahlen testen, z. B. 39 732:

$Q\,(39\,732) = 3 - 9 + 7 - 3 + 2 = 0$

Die Zahl 0 ist durch alles teilbar, also auch durch 11 und somit ist 39 732 auch durch 11 teilbar (39 732 : 11 = 3 612).

Blick über den Tellerrand

Seit mehr als 2500 Jahren beschäftigen sich Mathematiker_innen mit Primzahlen. Aus ihnen sind alle Zahlen aufgebaut, denn man kann jede natürliche Zahl als ein Produkt aus Primzahlen darstellen. Darüber kannst du in der Aufgabe „Das gestreifte Schaf" und der zugehörigen Lösung mehr erfahren.

Im siebten Band des berühmten antiken Lehrbuches „Elemente" von *Euklid* findet man eine Begründung dafür, dass es unendlich viele Primzahlen gibt. Allerdings gibt es immer weniger Primzahlen, je größer die Zahlen werden. Die *Dichte* der Primzahlen nimmt also langsam ab. Deshalb ist es sehr mühsam, große Primzahlen zu entdecken.

Eine weitere Primzahlfrage ist wohl die nach der Ordnung im Durcheinander, denn Primzahlen gedeihen am Übergang zwischen Struktur und Chaos. Oder, wie es der zurzeit in Bonn arbeitende amerikanische Zahlentheoretiker *Don Zagier* (geb. 1951) ausdrückte: „Primzahlen gehören zu den willkürlichsten, widerspenstigsten Objekten, die der Mathematiker überhaupt studiert. Sie wachsen wie Unkraut unter den natürlichen Zahlen, scheinbar keinem anderen Gesetz als dem Zufall unterworfen, und kein Mensch kann voraussagen, wie wieder eine sprießen wird, noch einer Zahl ansehen, ob sie prim ist oder nicht."

Immerhin kann man seit zehn Jahren im mathematischen Sinne „schnell" sagen, ob eine zufällig herausgepickte Zahl eine Primzahl ist oder nicht. Der „**AKS**-Primzahltest" von 2002, benannt nach seinen indischen Entwicklern *Manindra* ***A****grawal* (geb. 1966), *Neeraj* ***K****ayal* (geb. 1979) und *Nitin* ***S****axena* (geb. 1981), war eine große Überraschung in der Wissenschaftswelt.

Die Suche nach immer größeren Primzahlen ist immer noch aktuell. Zum Beispiel haben sich mehr als hunderttausend Menschen mit ihren Computern zusammengeschlossen, um in der *Great Internet Mersenne Prime Search* möglichst große *Mersenne-Primzahlen* zu entdecken. Was sind das für Zahlen? Die sogenannten *Mersenne-Zahlen* haben die Form $M_n = 2^n - 1$, wobei n jede natürliche Zahl sein kann. Die ersten zehn Mersenne-Zahlen lauten: 0, 1, 3, 7, 15, 31, 63, 127, 255, 511. Einige dieser Mersenne-Zahlen sind auch Primzahlen: 3, 7, 31, 127, 8 191, ...

Welche Mersenne-Zahlen $M_n = 2^n - 1$ *sind Primzahlen?*

Der Name dieser Zahlen geht auf den französischen Mönch *Marian Mersenne* (1588-1648) zurück, der im 17. Jahrhundert Primzahlen erforschte. Er fand heraus, dass eine Mersenne-Zahl nur prim sein kann, wenn sie sich als $M_p = 2^p - 1$ darstellen lässt, wobei p selbst auch eine Primzahl ist. Solche Zahlen werden deshalb auch als Mersenne´sche Primzahlen oder Mersenne-Primzahlen bezeichnet. Du errechnest sie so:

für $p = 2$: $M_2 = 2^2 - 1 = 4 - 1 = 3$
für $p = 3$: $M_3 = 2^3 - 1 = 8 - 1 = 7$
für $p = 5$: $M_5 = 2^5 - 1 = 32 - 1 = 31$

Die dazwischenliegende Mersenne-Zahl für $n = 4$ ist nicht prim, weil 4 nicht prim ist:

$M_4 = 2^4 - 1 = 16 - 1 = 15$

Aber auch nicht alle Mersenne-Zahlen $2^p - 1$, bei denen der Exponent p eine Primzahl ist, sind Primzahlen. So ist z. B. $M_{11} = 2^{11} - 1 = 2\,047$ durch 23 teilbar (2 047 : 23 = 89). Das ist schade. Würde nämlich jede Primzahl p auch eine Mersenne-Primzahl erzeugen, könnte man die entstandene Primzahl wieder mit $2^p - 1$ zu einer neuen Primzahl p berechnen und diese dann wieder in $2^p - 1$ einsetzen usw. Man hätte dann eine nie endende Primzahlmaschine. So aber muss für jede Primzahl p wieder neu untersucht werden, ob auch $2^p - 1$ eine Primzahl ist. Mit immer größeren Primzahlen p werden auf diese Weise immer wieder neue größte Primzahlen gefunden.

Die größte bislang bekannte Primzahl ist $2^{74\,207\,281} - 1$. Diese Zahl hat über 22 Millionen (genau 22 338 618) Stellen! Sie ist die 49. bekannte Mersenne-Primzahl und wurde im Januar 2016 im „Great Internet Mersenne Prime Search"-Projekt (kurz: GIMPS-Projekt) an der Universität Central Missouri in Warrensburg (USA) ermittelt. Der Computer rechnete dafür 39 Tage!

Und, wozu braucht man Primzahlen? Gibt es auch konkrete Anwendungen?

Zum einen macht die Suche nach Primzahlen vielen Menschen Spaß. Es ist eine Art Wettbewerb: „Wer findet die größte Primzahl?" Eine gemeinsame Suche lohnt sich, wie du oben lesen konntest. Auch die mathematische Forschung in diesem Feld wird ehrgeizig weitergeführt und es gibt viele Rätsel über Primzahlen, die bis heute noch nicht gelöst sind.

Zum anderen werden Primzahlen aber auch tatsächlich für einiges gebraucht. Verwendung finden sie z. B. bei der sicheren Verschlüsselung von Daten im Internet (beim Online-Banking u. ä.) oder bei der Fehlerkorrektur von Übertragungsfehlern auf CDs oder Bit-Fehlern beim digitalen Fernsehempfang.

Im Groben funktioniert die Fehlerkorrektur so: Jedes Datenpaket, das von der CD oder per Kabel übertragen werden soll, wird vorab durch ein paar Bits ergänzt, mit denen sich im Nachhinein bei auftretenden Fehlern berechnen lässt, ob und gegebenenfalls wo die Daten bei der Übertragung beschädigt wurden und wie sie sich reparieren lassen. In diesem *Reed-Solomon-Verfahren*, benannt nach den amerikanischen Mathematikern *Irving S. Reed* (1923–2012) und *Gustave Solomon* (1930–1996) steckt eine Menge Mathematik, unter anderem die „Arithmetik in endlichen Körpern" – und dahinter verbergen sich wiederum Primzahlen.

Zum Weiterdenken

a) Könnte sich Wichtel Bodo so ähnlich auch einen vierstelligen Tresorcode merken? Wäre der Code dann auch eindeutig?

b) Wie hätte sich Bodo diese dreistellige Zahl noch merken können? Hast du eine andere Idee für eine Eselsbrücke?
c) Findest du andere Eselsbrücken, die jeweils eindeutig eine dreistellige Zahl bestimmen (oder sie zumindest auf drei Möglichkeiten einschränken)?
d) Primzahlen lassen sich auch anders finden. Alle Primzahlen ab der „5“ kannst du mithilfe der Formeln „$6 \cdot n + 1$“ oder „$6 \cdot n - 1$“ berechnen. Für das „n“ setzt du dabei immer eine natürliche Zahl ein. Warum ist das so? Warum können keine anderen Zahlen (zum Beispiel $6 \cdot n + 2$) Primzahlen sein?
e) Heißt die Aussage aus d), dass alle Zahlen, die du mit „$6 \cdot n + 1$“ oder „$6 \cdot n - 1$“ berechnen kannst, auch Primzahlen sind?
f) Im Zweiersystem (Dualsystem) sind alle Mersenne-Zahlen durch eine Kette aus Einsen dargestellt. Zum Beispiel ist $M_4 = 15 = 1111_2$ (die tiefgestellte „2“ zeigt an, dass es sich um die Darstellung im Dualsystem handelt). Warum ist das so? Gibt es auch Einserketten im Dualsystem, die keine Mersenne-Zahlen sind?
g) Formuliere eine Teilbarkeitsregel für alle Zahlen, die durch 12 teilbar sind.
h) Warum funktionieren die in der „Mathematischen Exkursion“ beschriebenen Teilbarkeitsregeln? Finde mathematische Begründungen für die einzelnen Teilbarkeitsregeln.
i) Hast du auch eine Idee für eine 13er-Regel (die durch 13 teilbaren Zahlen)?

Quatromino

Antwortmöglichkeit a) ist richtig. Die Bausteine (1) und (3) vervollständigen den Würfel.

Die Quatrominos (1) und (3) vervollständigen den Würfel auf zwei verschiedene Arten: Quatromino (3) kann sich aufrecht vorne befinden und Quatromino (1) oben rechts (siehe linkes Bild) oder Quatromino (1) vorne aufrecht und Quatromino (3) oben rechts (siehe rechtes Bild).

Mit den anderen Kombinationen gibt es keine Möglichkeit, den Würfel zu vervollständigen.

Mathematische Exkursion

Der 3 x 3 x 3-Würfel wird „Somawürfel" genannt. Der Somawürfel ist ein beliebtes 3-D-Puzzle, das aus sieben Puzzleteilen besteht: aus einem einfachen „L"-Triomino und sechs Quatrominoteilen, welche bereits in der Aufgabe vorgestellt wurden. Es gibt noch ein siebtes Quatromino, den kleinen 2 x 2 x 1-Quader.

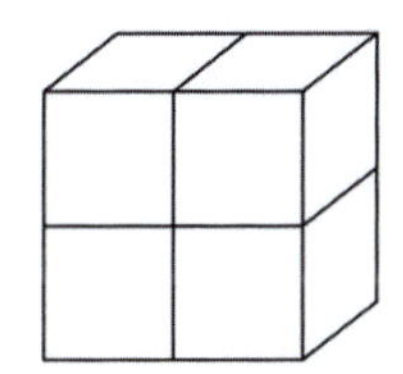

Doch dieses siebte Quatromino passt nicht mehr in den Somawürfel, weil ein 3 x 3 x 3-Würfel nur aus $3 \cdot 3 \cdot 3 = 3^3 = 27$ kleinen Würfeln bestehen kann. Alle sieben Quatrominos bestehen aber zusammen aus $7 \cdot 4 = 28$ kleinen Würfeln, das ist ein Würfel zu viel. Deshalb ist ein Baustein ein Triomino, welcher nur aus drei kleinen Würfeln besteht.

Berühmt wurde der Somawürfel durch Veröffentlichungen des Magazins „Scientific American" im Jahr 1958. Drei Jahre danach fanden der amerikanischen Mathematiker *John Horton Conway* und der britische Computerspezialist und Mathematiker

Michael Guy heraus, dass es 240 verschiedene Möglichkeiten gibt, den Soma-Würfel zusammenzusetzen. In Deutschland verbreitete sich der Somawürfel erst 1967 durch die Zeitschrift „Bild der Wissenschaften". Seitdem gibt es verschiedenste Puzzlespiele rund um den Somawürfel, die Knobelspieler_innen begeistern und sich auch sehr gut für den Mathematikunterricht oder Förder- und Forderstunden eignen. Die Puzzleteile kannst du mit etwas handwerklichem Geschick auch selbst aus Holz basteln. Beim Bauen und in den Spielen wird besonders das räumliche Vorstellungsvermögen geschult.

Es gibt noch ein ähnliches 3-D-Puzzle, den sogenannten „Herzberger Quader". Er wurde von dem Herzberger Mathematiklehrer *Gerhard Schulze* erfunden. Der vielen Schülergenerationen bekannte „Mathe-Schulze" gab ihm den Namen seiner Stadt. Er hat die Größe 4 x 5 x 2, besteht also aus 40 kleinen Würfeln. Diese hat Schulze in elf Puzzleteilen zusammengefasst: Der Herzberger Quader besteht aus einem Dominostein, zwei Triominos und acht Quatrominos.

Zum Weiterdenken

a) Wie viele Triominos gibt es?

b) Der grüne Baustein im Aufgabenbild muss ein Triomino sein. Warum?
Überlege dir, welche Quatrominos in diesem unvollständigen Somawürfel an welcher Stelle liegen. Gibt es mehrere Möglichkeiten?

c) Nimm zu den vier Würfeln der Quatrominos noch einen fünften baugleichen Würfel hinzu. Damit kannst du die Pentominos bauen (oder zeichnen). Es gibt ebene Pentominos, die du gut auf Papier zeichnen kannst und auch räumliche. Wie viele verschiedene Pentominos gibt es? Achte darauf, dass keine Teile dabei sind, die spiegel- und achsensymmetrisch oder einfach anders verdreht sind. Dies sind die gleichen Pentominos. Es wird jetzt sehr viel unübersichtlicher. Versuche deshalb systematisch vorzugehen.
Tipp: Du kannst aus einem Quatromino ein Pentomino bauen, indem du einen kleinen Würfel dazusetzt.

d) Baue aus den ebenen (oder auch den räumlichen) Pentominos eigene Puzzles. Du musst nicht alle Teile verwenden. Zeichne dir die Umrandung auf und tausche deine Aufgabe mit einer anderen Person aus.

e) Baue dir einen „Herzberger Quader" aus 40 kleinen Holzwürfeln und eine quaderförmige Schachtel dafür.

W-Factor

Antwortmöglichkeit d) ist richtig. Vier der fünf Wichtel-Bands könnten – je nachdem, welches Bewertungssystem angewendet wird – gewinnen.

Es gab die folgenden vier Bewertungsvorschläge:

Bewertungsvorschlag 1
„Die beiden höchsten und die beiden niedrigsten Punktzahlen eines Teams werden gestrichen und die verbleibenden drei Punktzahlen werden addiert."

Bei dieser Bewertungsmethode streichst du die beiden kleinsten und die beiden größten Bewertungsergebnisse und konzentrierst dich damit auf die mittleren drei Bewertungen. Dadurch fließen besonders hohe oder niedrige „Ausreißerwerte" nicht in das Ergebnis mit ein. Schwierigkeiten könnten dir hier die drei Bands „Fredi & His Little Helpers", „Dancing Snowflakes" und „Happy Goblin Club" machen, weil dort mehrere gleich gute Bewertungen vorliegen. Gibt es mehr als zwei beste Bewertungen, streichst du zwei davon und behältst die anderen. Gibt es mehrere zweitbeste Bewertungen, streichst du zu der besten noch eine der zweitbesten Bewertungen und behältst die anderen. Beispielsweise gibt es bei „Fredi & His Little Helpers" zweimal die zweitbeste Bewertung 7,5 Punkte. Hiervon wird nach der Regel eine gestrichen und die andere zweitbeste Bewertung geht in das endgültige Bewertungsergebnis ein. Bei „Dancing Snowflakes" gibt es dreimal die Bewertung 8. Davon werden zwei gestrichen. Es ergibt sich Folgendes. Die jeweils schwächste Band ist gelb hervorgehoben, die beste grün:

Für die „Partygruppe Rot-Weiß 77" (9,5 und 9 sowie 6,5 und 7 werden gestrichen):
7 + 7 + 7,5 = 21,5

Für die **„Schneewälder Tanzwichtel"** (9,5 und 6,5 sowie 3,5 und 4 werden gestrichen):
6 + 6 + 5,5 = **17,5**

Für „Fredi & His Little Helpers" (10 und 7,5 sowie 5 und 6,5 werden gestrichen):
7,5 + 7 + 7 = 21,5

Für die **„Dancing Snowflakes"** (8 und 8 sowie 2,5 und 7 werden gestrichen):
7,5 + 7,5 + 8 = **23**

Für den „Happy Goblin Club" (8,5 und 8 sowie 4,5 und 5 werden gestrichen):
5,5 + 8 + 8 = 21,5

Nach diesem Bewertungssystem sind die „Dancing Snowflakes" mit 23 Punkten die beste Band und die „Schneewälder Tanzwichtel" stellen mit 17,5 Punkten das Schlusslicht dar.

Bewertungsvorschlag 2
„Die höchste Durchschnittspunktzahl zählt."

Dieses Bewertungsverfahren kennst du sicher von deinem persönlichen Notendurchschnitt: Du addierst alle Noten und teilst sie durch die Anzahl. Für jede Band bildest du hier also die Summe der sieben von den Jury-Mitgliedern abgegebenen Punktzahlen und teilst sie anschließend durch sieben. Am Ende wird das Ergebnis auf eine Nachkommastelle gerundet, das reicht hier aus, um die einzelnen Platzierungen zu bestimmen.

Für die **„Partygruppe Rot-Weiß 77"** ergibt sich:

$$\frac{7 + 7 + 9 + 9{,}5 + 6{,}5 + 7 + 7{,}5}{7} = \frac{53{,}5}{7} = 53{,}5 : 7 \approx \mathbf{7{,}6}$$

Für die **„Schneewälder Tanzwichtel"** ergibt sich:

$$\frac{3{,}5 + 9{,}5 + 4 + 6 + 6{,}5 + 6 + 5{,}5}{7} = \frac{41}{7} = 41 : 7 \approx \mathbf{5{,}9}$$

Für „Fredi & His Little Helpers" ergibt sich:

$$\frac{7 + 7{,}5 + 6{,}5 + 10 + 7{,}5 + 7 + 5}{7} = \frac{50{,}5}{7} = 50{,}5 : 7 \approx 7{,}2$$

Für die „Dancing Snowflakes" ergibt sich:

$$\frac{2{,}5 + 7{,}5 + 8 + 8 + 8 + 7 + 7{,}5}{7} = \frac{48{,}5}{7} = 48{,}5 : 7 \approx 6{,}9$$

Und für den „Happy Goblin Club" ergibt sich:

$$\frac{8 + 9{,}5 + 5{,}5 + 5 + 8 + 8 + 4{,}5}{7} = \frac{47{,}5}{7} = 47{,}5 : 7 \approx 6{,}8$$

Nach dieser Bewertungsmethode siegt eindeutig die „Partygruppe Rot-Weiß 77" mit einem Durchschnittswert von 7,6. Auf dem letzten Platz mit einer durchschnittlichen Bewertung von nur 5,9 landen wieder die „Schneewälder Tanzwichtel".

Bewertungsvorschlag 3
„Nur die höchste Punktzahl zählt."

Hier schaust du dir die Reihe der Bewertungsergebnisse für eine Band an und wählst einfach den höchsten Wert aus. **„Fredi & His Little Helpers"** haben mit **10 Punkten** die höchste Bewertung und liegen somit auf Platz 1. Am schlechtesten schneiden mit **8 Punkten** die **„Dancing Snowflakes"** ab.

Bewertungsvorschlag 4
„Es werden alle Punktzahlen eines Teams der Größe nach geordnet und nur die Punktzahl an der mittleren Position zählt." Du kannst die Punktzahlen sortieren, von der niedrigsten bis zur höchsten.

Für die „Partygruppe Rot-Weiß 77" ergibt sich: 6,5 - 7 - 7 - **7** - 7,5 - 9 - 9,5
Für die **„Schneewälder Tanzwichtel"** ergibt sich: 3,5 - 4 - 5,5 - **6** - 6 - 6,5 - 9,5
Für „Fredi & His Little Helpers" ergibt sich: 5 - 6,5 - 7 - **7** - 7,5 - 7,5 - 10
Für die „Dancing Snowflakes" ergibt sich: 2,5 - 7 - 7,5 - **7,5** - 8 - 8 - 8
Und für den **„Happy Goblin Club"** ergibt sich: 4,5 - 5 - 5,5 - **8** - 8 - 8 - 8,5

Mit dieser Methode würde der „Happy Goblin Club" gewinnen und die „Schneewälder Tanzwichtel" liegen auch dieses Mal wieder ganz hinten.

In der folgenden Tabelle kannst du noch einmal alle Bewertungsvorschläge 1) bis 4) zusammen betrachten. Wieder sind die jeweils schlechtesten Ergebnisse gelb, die jeweils besten Ergebnisse grün hervorgehoben:

	1)	2)	3)	4)
Partygruppe Rot-Weiß	21,5	**7,6**	9,5	7,0
Schneewälder Tanzwichtel	**17,5**	**5,9**	9,5	**6,0**
Fredi & His Little Helpers	21,5	7,2	**10,0**	7,0
Dancing Snowflakes	**23,0**	6,9	**8,0**	7,5
Happy Goblin Club	21,5	6,8	8,5	**8,0**

Wer gewinnt, ist offensichtlich stark von der Wahl des Bewertungssystems abhängig. Dies gilt im Allgemeinen ebenso für die Verlierer. In diesem Fall gewinnt beim ersten Bewertungssystem die Band „Dancing Snowflakes", beim zweiten Bewertungssystem die „Partygruppe Rot-Weiß 77", beim dritten „Fredi & His Little Helpers" und beim vierten der „Happy Goblin Club". Schlusslicht sind dreimal die „Schneewälder Tanzwichtel" und einmal die„Dancing Snowflakes".

Mathematische Exkursion

Mittelwerte gehören als *fundamentale Idee* zu den Ursprüngen der Mathematik und lassen sich bis zum Altertum zurückverfolgen. Schon Aristoteles sprach von der „goldenen Mitte“, wobei „golden“ gut bedeutete. In der Mathematik ordnet man die Mittelwerte dem Bereich der Statistik zu, genauer noch dem Teilbereich der *beschreibenden Statistik*. In der Statistik geht es um die Datenanalyse, die Auswertung und Darstellung von Zahleninformationen.

In der Statistik werden verschiedene Arten von Mittelwerten unterschieden. Zwei davon wurden in dieser Aufgabe vorgestellt: Bei dem Mittelwert-Typ 2) handelt es sich um das *arithmetische Mittel* und bei dem Mittelwert-Typ 4) wurde die beste Band über den *Median* (oder Zentralwert) ermittelt.

Arithmetisches Mittel

Das arithmetische Mittel wird meist umgangssprachlich *Durchschnitt* genannt. In der Praxis wird es am häufigsten verwandt. Dir ist es sicher auch aus der Schule bekannt. In der Mathematik wird das arithmetische Mittel meistens mit $\bar{x}$ bezeichnet; im Allgemeinen wird es auch oft mit dem Durchschnittszeichen Ø abgekürzt.

Das Merkmal, welches untersucht wird – hier in der Aufgabe die Bewertung der Band – muss dafür als Zahl vorliegen. Beim arithmetischen Mittel werden zunächst alle vorliegenden Werte addiert und dann die Summe durch die Anzahl der Werte dividiert. Kommen einzelne Werte häufiger vor, so kannst du sie, statt fortwährend zu addieren, auch gleich entsprechend vervielfachen. Man spricht in diesem Zusammenhang auch von einem gewichteten Mittelwert. Möchtest du zum Beispiel den Notendurchschnitt einer Klassenarbeit ausrechnen, die folgenden Ausgang hatte, dann geht das so:

Note	**1**	**2**	**3**	**4**	**5**	**6**
Häufigkeit	3	7	8	6	5	0

$$\text{Ø} = \frac{3 \cdot 1 + 7 \cdot 2 + 8 \cdot 3 + 6 \cdot 4 + 5 \cdot 5 + 0 \cdot 6}{3 + 7 + 8 + 6 + 5 + 0} = \frac{3 + 14 + 24 + 24 + 25 + 0}{29} = \frac{90}{29} \approx 3{,}1$$

Der belgische Astronom und Statistiker *Lambert Adolphe Jacques Quételet* (1796–1874) übertrug sie etwa 1830 konsequent auf den menschlichen Körper. Er analysierte körperliche Merkmale wie z. B. Größe, Gewicht und Umfang und ermittelte daraus den Durchschnittsmenschen (französisch: l´homme moyen). Aus dieser Zeit stammt auch der heute noch gebräuchliche „**B**ody-**M**ass-**I**ndex“ (kurz: **BMI**), der ursprünglich Quételet-Index hieß. Der BMI ist nicht ganz unumstritten, wird aber trotzdem z. B. von der Weltgesundheitsorganisation (englisch: **W**orld **H**ealth **O**rganization, kurz: **WHO**) als Maßstab zur Beurteilung von Über- und Untergewicht oder bei der Verbeamtung in einigen Bundesländern als Ausschlusskriterium verwendet. Der Body-Mass-Index berechnet sich aus der Körpermasse m (in kg) und der Körperlänge l (in m):

$BMI = \frac{m}{l^2}$ (Body-Mass-Index)

Quételet übertrug das arithmetische Mittel auch auf die Gesellschaft, die Politik und die Moral und sprach in diesem Zusammenhang von Idealtypen. Abweichungen vom Idealtypus wurden beobachtet und standen im Verdacht gesellschaftliche Missstände verursachen zu können.

Median oder Zentralwert

Der *Median* oder Zentralwert ist der Wert, der in der Mitte oder im Zentrum der Daten liegt. Er teilt sozusagen die Daten in der Mitte und zieht eine 50 %-Linie: 50 % der Daten liegen in der einen Hälfte und 50 % in der anderen Hälfte. In einer Reihe von Werten, die sich der Größe nach ordnen lassen, ist es der mittlere Wert. Sortierst du alle dir vorliegenden Werte der Größe nach, z. B. die Schuhgrößen deiner Klassenkameraden, dann ist der Median der Wert in der „Mitte" – also derjenige, der an der mittleren Position steht. Nur bei einer ungeraden Anzahl von Werten lässt er sich direkt ermitteln; bei gerader Anzahl musst du den Durchschnitt die beiden mittleren Werte bestimmen.

Bei einer ungeraden Anzahl von Personen oder Werten kannst du die Position eindeutig bestimmen:

Beispiel: Schuhgrößen der 19 Jungen in der Klasse 8c

45 - 44 - 43 - 39 - 40 - 46 - 39 - 44 - 47 - 42 - 42 - 41 - 43 - 45 - 44 - 41 - 43 - 42 - 40

Sortierung der Schuhgrößen nach der Größe zur Bestimmung des Medians:

39 - 39 - 40 - 40 - 41 - 41 - 42 - 42 - 42 - **43** - 43 - 43 - 44 - 44 - 44 - 45 - 45 - 46 - 47

Der Median ist hier der Wert an der mittleren Position, also an Position 10. Du berechnest die mittlere Position, indem du zur Anzahl der Werte 1 addierst und das Ergebnis anschließend halbierst:

$$\frac{\text{Anzahl der Werte} + 1}{2} = \frac{19 + 1}{2} = \frac{20}{2} = 10$$

Hast du eine gerade Anzahl von Personen oder Werten, nimmst du das arithmetische Mittel der beiden mittleren Werte. Hast du zum Beispiel nur 18 Jungen in der Klasse, ergibt sich Folgendes:

39 - 39 - 40 - 40 - 41 - 41 - 42 - 42 - **42** - **43** - 43 - 44 - 44 - 44 - 45 - 45 - 46 - 47

Berechnung des Medians: $\frac{42 + 43}{2} = \frac{85}{2} = 42{,}5$

Der deutsche Mathematiker *Carl Friedrich Gauß* (1777–1855) nutze den Median 1816 zuerst. Der britische Naturforscher und Schriftsteller *Francis Galton* (1822–1911) entwickelte ihn 1874 entscheidend weiter: Galton entwarf eine *statistische Skalierung* um den Median zu berechnen und führte das 50. Perzentil (lateinisch: Hundertstelwert) als Mittelpunkt eines Datensatzes ein.

Modalwert oder Modus

Auch dieser Wert ist als Maß der Tendenz recht gebräuchlich: Der Modalwert (oder auch Modus) ist das Merkmal mit der maximalen Häufigkeit, also das Merkmal, welches am häufigsten vorkommt. Hier muss nicht zwangsläufig ein eindeutiges Ergebnis herauskommen. Es kann in einem Datensatz auch zwei (oder noch mehr verschiedenen) Modalwerte geben, wenn mehrere Merkmale gleichhohe Spitzenwerte haben. Nehmen wir zum Beispiel das Merkmal Schuhgröße von eben, dann kommen die Schuhgrößen 42 und 44 bei den Jungen in der Klasse 8c beide gleichhäufig, nämlich jeweils dreimal vor. Es gibt also in dieser – zugegebermaßen sehr kleinen – Verteilung zwei Modalwerte. Man spricht in einem solchen Fall auch von einer *bimodalen* Verteilung.

Der Modalwert hat den Vorteil, dass er sich auch bestimmen lässt, wenn es sich bei den erfassten Daten (*Merkmalen*) nicht um Zahlen handelt.

Man zählt dann lediglich, wie oft die einzelnen Merkmale vorkommen und wählt jenes als Modalwert aus, welches zahlenmäßig am häufigsten erfasst wurde. Machst du zum Beispiel eine Umfrage in der Schule, in der du nach der Lieblings-Musikgruppe aller fragst, so wird eine bestimmte Musikgruppe vermutlich am häufigsten genannt. Gibt es mehrere gleich beliebte Gruppen, also ein *Patt* (der Begriff kommt aus dem Schachspiel und meint ein Unentschieden) zwischen zwei oder mehreren Gruppen, gibt es entweder mehrere Sieger oder du führst im Anschluss noch eine Stichwahl durch.

Blick über den Tellerrand

Der Bereich der Statistik ist nicht nur in der Mathematik von Bedeutung, sondern auch für sehr viele andere Berufsgruppen. Statistik benötigt man unter anderem:

- in der Pharmabranche bei Medikamententests
- in der Medizin zur Bewertung von Behandlungsmethoden
- bei der Testauswertung von Psychologen
- bei Unternehmensberatern zur Analyse des Zustands eines Unternehmens
- bei Versicherungsmathematiker_innen (Aktuaren) zur Risikoabschätzung und lukrativen Berechnung von Versicherungsangeboten
- bei Volkswirten, Ökonomen und Politkern zur Analyse von verschiedensten Problemen
- im Marketing, z. B. bei Marktanalysen
- in der Klimaforschung zur Vorhersage (Prognose) von Veränderungen

Es gibt sehr verschiedene Mittelwert-Typen. Manche sind sehr einfach und doch genial. Jeder Typ hat seinen tieferen Sinn. Leider wird häufig völlig willkürlich damit jongliert. Für bestimmte Sachzusammenhänge eignen sich in der Regel auch bestimmte Mittelwertbildungen, manchmal miteinander kombiniert oder mit einer speziellen Gewichtung. Politiker oder auch Journalisten benutzen oftmals „den" Mittelwert, der ihnen das *gewünschte* Ergebnis am besten widerspiegelt. Daher kommt auch der überlieferte Spruch „Glaube nie einer Statistik, die du nicht selbst gefälscht hast."

Jurys, die Bewertungen ähnlich zu unserer Aufgabe abgeben, kommen beispielsweise im Sport sehr häufig vor: bei den X-Games, beim Skispringen, beim Turmspringen, beim Dressurreiten, beim Eiskunstlaufen, aber auch in Contests wie dem Eurovision Song Contest. Und wie du gesehen hast, hängt es nicht nur von der Meinung der Jury, sondern auch vom Auswertungssystem - also der dahinter stehenden Berechnungsmethode - ab, wer am Ende gewinnt.

So werden z. B. beim olympischen Turmspringen von sieben Bewertungen die zwei besten und die zwei schlechtesten gestrichen und beim Skispringen werden die mittleren drei von fünf Haltungsnoten berücksichtigt. Man entfernt dadurch „Ausreißerwerte" und kann so Manipulationen besser vorbeugen. Diese treten leicht auf, wenn Schiedsrichter aus demselben Land kommen wie die Turmspringerin oder Sympathiebewertungen abgegeben werden. Manchmal werden Schiedsrichter auch als befangen erklärt und von der Bewertung generell ausgenommen.

Die Auswertungsmethode muss – nicht nur im Sport – immer der Art angepasst werden, wie die Werte ermittelt werden.

Fiktives Beispiel zum Durchschnittseinkommen:

Angenommen, auf einer Insel wohnen 10 000 Leute, das Volk der Insulaner. Wir interessieren uns jetzt für das Einkommen eines „Durchschnittsinsulaners". Von den 10 000 Insulanern verdienen 9 999 jeweils 100 Inseldollar im Monat. Der zehntausendste Insulaner aber verdient 1 000 000 Inseldollar im Monat. Wird nun das Durchschnittseinkommen durch das arithmetische Mittel berechnet, kommt Folgendes heraus:

$$\frac{9999 \cdot 100 + 1\,000\,000}{10\,000} = \frac{1\,999\,999}{10\,000} = 199{,}99 \approx 200$$

Demnach würde das Durchschnittseinkommen bei etwa 200 Inseldollar liegen. Ist das sinnvoll? Würde man hier den Median als Mittelwert wählen, so käme man auf ein mittleres Einkommen von 100 Inseldollar, was den Tatsachen sehr viel eher entspricht. Der eine Ausreißer treibt den Durchschnitt nämlich auf das Doppelte in die Höhe. Befinden sich an den Rändern extreme Werte (wie hier der eine Millionär), sollte man also lieber den Median als Mittelwert heranziehen oder die Ausreißerwerte – wie bei der Bewertung im Turmspringen – streichen.

Sortierrutschen

Antwortmöglichkeit d) ist richtig: Nur Maschine 4 sortiert die Wichtel in beiden Durchgängen richtig nach dem Gewicht.

Um die richtige Lösung zu ermitteln, kannst du die beiden Durchgänge für alle Rutschmaschinen durchprobieren. Dabei können dir Diagramme - wie unten zu sehen - helfen. Die Diagramme werden übersichtlicher, wenn du statt der Wichtelnamen ihre Gewichte verwendest. Es gibt zwei verschiedene Lösungswege, je nachdem ob du die leichten Pakete in der Draufsicht nach links weiterschickst (siehe Lösungsweg 1) oder ob du dich in die Geschenke hineinversetzt und sie in „Rutschrichtung" nach links weiterleitest. Dann werden sie in der Draufsicht nach rechts weitergeleitet (siehe Lösungsweg 2).

Lösungsweg 1 - Sortierung von leicht nach schwer

Durchgang 1:

Die Ausgangsreihenfolge der Gewichte (in kg) im ersten Durchgang ist jeweils:

28 - 21 - 39 - 34

Was in den vier Testmaschinen im ersten Durchgang passiert, siehst du in den folgenden Diagrammen. Dabei werden die vier Zahlen, die für die vier Wichtel stehen, jeweils die Pfeile entlanggeschickt. Die gelben Felder sind die Startfelder. In den weißen Feldern treffen jeweils zwei Wichtel aufeinander und werden gewogen. Der leichtere Wichtel, also die kleinere Zahl, wird dann nach links weitergeschickt. Der schwerere Wichtel, also die größere Zahl, wird nach rechts geschickt. Die grünen Felder zeigen die richtigen Endpositionen an, die roten zeigen eine falsche Sortierung (siehe Bild nachste Seite oben).

In den Testmaschinen 1 und 4 werden die vier Wichtel im ersten Durchgang korrekt nach ihrem Gewicht sortiert. Die anderen beiden Testmaschinen 2 und 3 liefern bereits ein falsches Ergebnis. Daher brauchst du für den zweiten Durchgang nur noch die beiden Maschinen 1 und 4 zu prüfen.

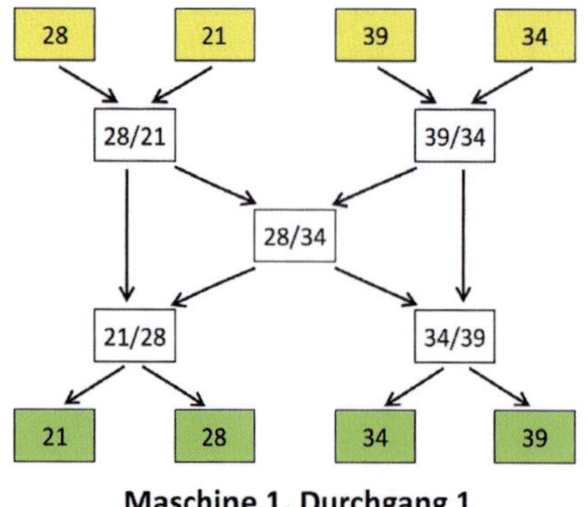

Maschine 1, Durchgang 1

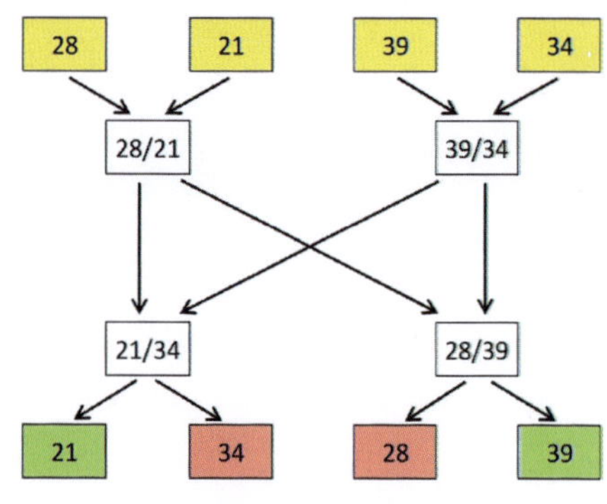

Maschine 2, Durchgang 1

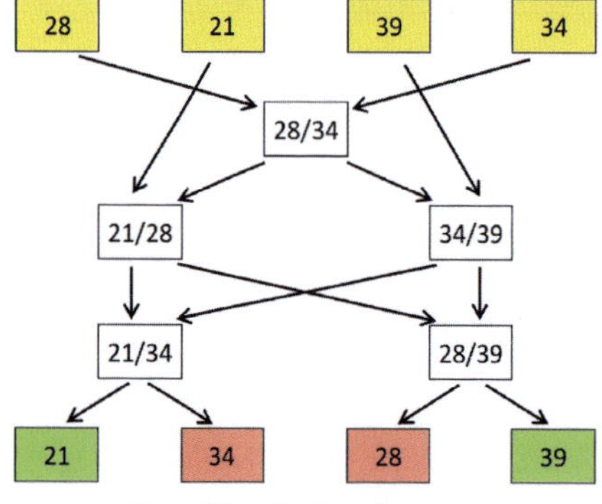

Maschine 3, Durchgang 1

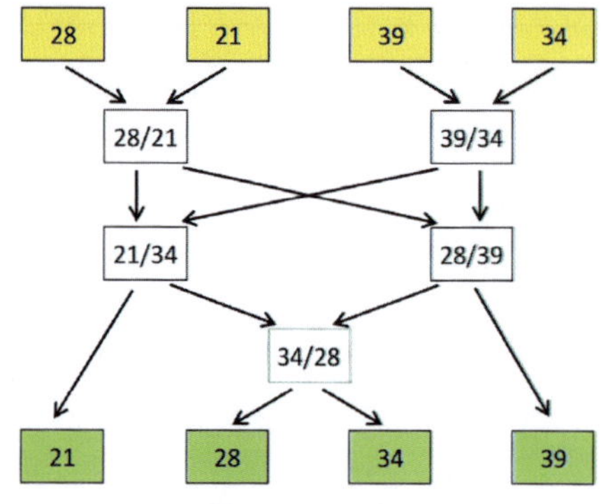

Maschine 4, Durchgang 1

Durchgang 2:

Die Ausgangsreihenfolge der Gewichte im zweiten Durchgang ist jeweils:
34 - 39 - 21 - 28
Was in den Testmaschinen 1 und 4 im zweiten Durchgang passiert, siehst du in den folgenden Diagrammen:

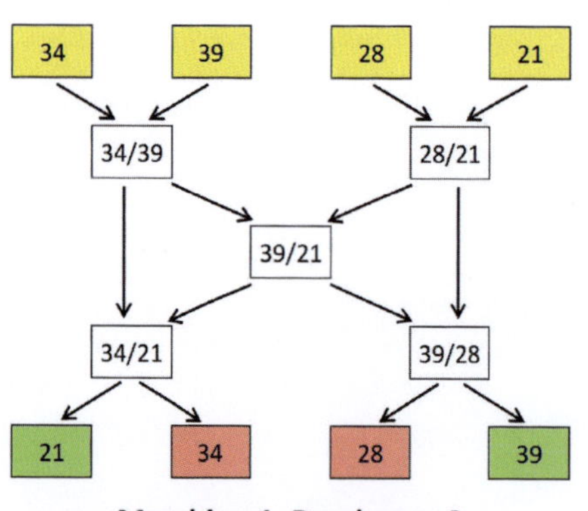

Maschine 1, Durchgang 2

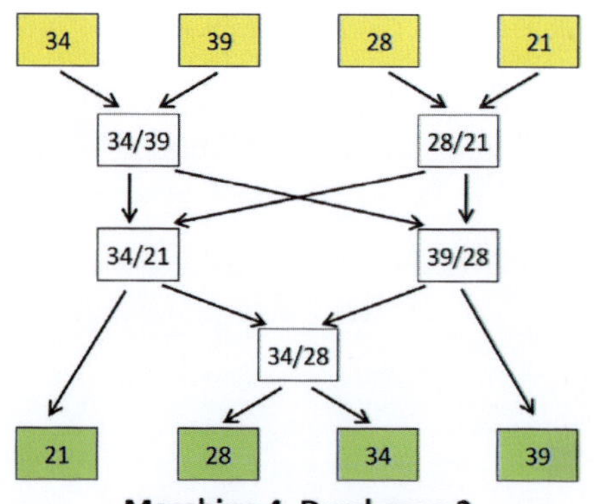

Maschine 4, Durchgang 2

Die Testmaschine 1 sortiert die Wichtel im zweiten Durchgang also nicht korrekt nach dem Gewicht. Oswald und Iphis haben falsche Endpositionen. Maschine 4 sortiert hingegen auch in diesem Durchgang richtig.

Lösungsweg 2 – Sortierung von schwer nach leicht

Schickst du die leichteren Wichtel in „Rutschrichtung" nach links weiter, sehen die beiden Durchgänge für Maschine 1 so aus:

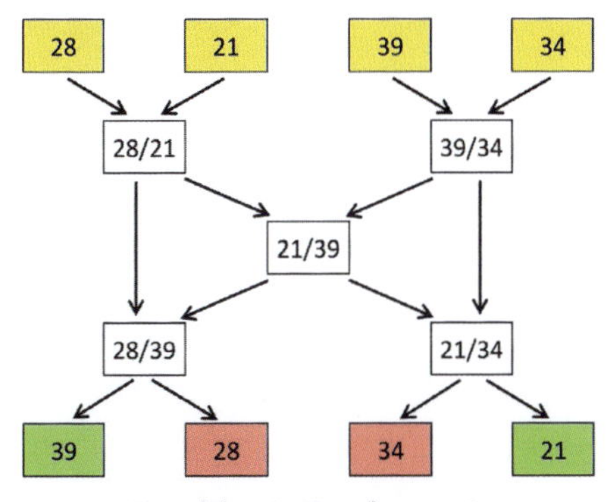

Maschine 1, Durchgang 1a

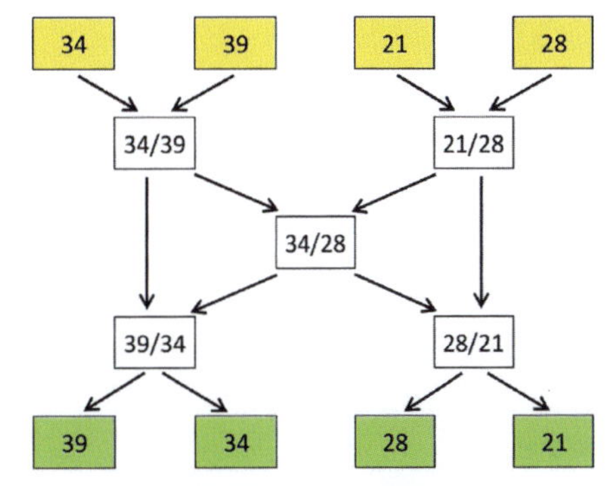

Maschine 1, Durchgang 2a

Du siehst, dass sie in diesem Fall in Durchgang 1 eine falsche Sortierung liefert, dafür aber in Durchgang 2 die richtige. Du kannst auf diese Weise auch alle anderen Diagramme erstellen. Die einzelnen Durchgänge ergeben unterschiedliche Diagramme als oben. Trotzdem bleibt das Ergebnis dasselbe: Nur Maschine 4 sortiert richtig. Das liegt daran, dass alle Maschinen symmetrisch sind. Sie sehen genauso aus, wenn du sie entlang der langen Kante „von links auf rechts" umdrehst.

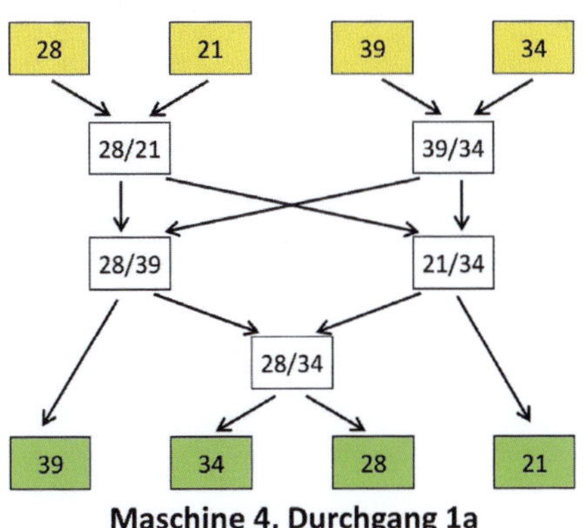

Maschine 4, Durchgang 1a

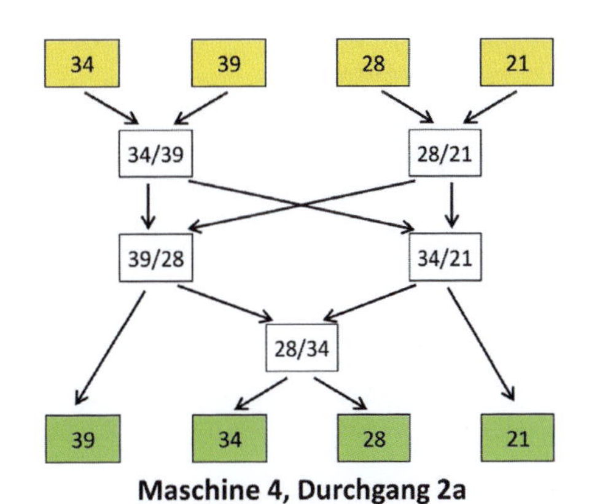

Maschine 4, Durchgang 2a

Blick über den Tellerrand

Die Rutschmaschine aus der Aufgabe ist ein sogenannter *Algorithmus*. Ein Algorithmus ist eine systematische Vorgehensweise, mit der ein bestimmtes Problem gelöst oder ein immer gleicher Vorgang ausgeführt werden soll. Er ist also eine feste, immer gleiche Handlungsvorschrift. *Algorithmen* (Plural von Algorithmus) benutzt du auch selbst, beispielsweise dann, wenn du große Zahlen schriftlich teilst, Brüche addierst oder die Nullstelle einer linearen Funktion bestimmst. Auch im Alltag verwendest du viele Algorithmen, um immer gleiche Arbeitsschritte zu erledigen, zum Beispiel beim Abwaschen.

Zu jedem Algorithmus gehören ein *Input* und ein *Output*. Der Input sind die Werte, die an den Algorithmus übergeben werden und der Output die Werte, die er am Ende ausgibt. Im Falle dieser Aufgabe sind die Startplätze der Wichtel der Input und die sortierten Endpositionen der Wichtel der Output.

In der Informatik werden Algorithmen vor allem gebraucht, um komplexe Aufgaben am Computer zu lösen. Bei der Programmierung wird der Algorithmus in kleine Schritte aufgeteilt, sodass der Computer ihn Schritt für Schritt ausführen kann. Wichtig ist dabei, dass jeder Algorithmus bestimmte Eigenschaften erfüllen muss. Aus praktischen Gründen muss er in endlich vielen Schritten ausführbar sein. Zudem muss jeder Schritt des Algorithmus eindeutig sein, da ein Computer immer nur den Anweisungen des Algorithmus folgt und nicht selbst denken oder interpretieren kann.

In den Rutschmaschinen werden immer wieder gleichzeitig mehrere Paare von Wichteln miteinander verglichen. Deshalb nennt man einen solchen Algorithmus auch einen *parallelen Algorithmus*. Im Gegensatz dazu stehen die *sequentiellen Algorithmen*, bei denen Aktivitäten nur hintereinander stattfinden. Mit parallelen Algorithmen kann Zeit gespart werden.

Das Sortieren von Elementen ist eines der am häufigsten vorkommenden Probleme, die mit einem Computer gelöst werden. Dementsprechend gibt es viele *Sortieralgorithmen*, die auf verschiedenen Ansätzen basieren. Beim Online-Shopping kannst du eine Liste von Produkten z.B. nach Preis (aufsteigend oder absteigend), „Beliebtheit" oder „Empfehlung" sortieren. Bei unscharf definierten Sortierbegriffen wie „Beliebtheit" oder „Empfehlung" werden dir gerne Produkte zuerst angezeigt, die den Händlern den meisten Gewinn bringen. Versuche deshalb herauszufinden, nach welchen Kriterien sortiert wurde und welche Ergebnisse wirklich für dich relevant sind.

Da Zeit ein wichtiger Faktor beim Lösen von Problemen am Computer ist, beschäftigen sich viele Informatiker_innen damit, Sortiervorgänge zu beschleunigen, damit sie möglichst schnell durchgeführt werden können. Während im Fall der Rutschmaschine immer zwei Wichtel miteinander verglichen werden, gibt es auch Ansätze, die ohne den direkten Vergleich von Elementen auskommen. Diese nennt man *nicht vergleichsbasiertes Sortieren*.

Zum Weiterdenken

a) Suche nach Algorithmen, die du in deinem Alltag verwendest. Suche auch nach Algorithmen, die andere Menschen und Maschinen (vielleicht auch Tiere oder Pflanzen?) in deinem Umfeld verwenden. Was ist dabei der Input und was der Output?
b) Maschine 4 in dieser Aufgabe sortiert in beiden getesteten Reihenfolgen alle vier Wichtel richtig. Sortiert sie die vier Wichtel auch in allen anderen möglichen Reihenfolgen richtig?
c) Wie viele mögliche Reihenfolgen gibt es überhaupt?
d) Findest du die Lösung zur Frage b), ohne alle möglichen Reihenfolgen durchzuprobieren?
e) Denke dir andere Testmaschinen aus und untersuche, ob sie die vier Wichtel richtig sortieren.
f) Wie könnte eine Maschine aussehen, die fünf Wichtel richtig sortiert?
g) Die Packwichtel wollen eine Maschine bauen, die alle Geschenke einer ganzen Familie richtig sortiert. Wie groß müsste eine Maschine sein, die alle Weihnachtsgeschenke für deine Familie sortiert?
h) Projekt: Versuche (mit deinen Mitschüler_innen) ein Modell einer solche Maschine zu bauen. Anstelle der Geschenkpakete kannst du z.B. unterschiedlich schwere Kugeln verwenden. Wie kann eine solche Waage real funktionieren? Eventuell brauchst du (braucht ihr) dafür die Hilfe einer handwerklich erfahrenen Person.

Der Tunnel

Antwortmöglichkeit c) ist richtig. Der Güterzug, der die gesamte Gesteinsmasse dieses Tunnels auf einmal transportieren könnte, hätte eine Länge von etwa 1 000 km.

Bevor du das Ergebnis berechnest, kannst du bereits mit etwas „gesundem Menschenverstand“ überlegen, dass Antwortmöglichkeit c) sehr wahrscheinlich richtig ist: Der Tunnel ist 57 km lang. Deshalb ist Antwortmöglichkeit a) 1 km viel zu kurz. Auch 60 km kannst du mit großer Sicherheit ausschließen, denn dann müsste ein Waggon des Zuges ja fast dieselben Abmessungen haben wie der Tunnel. Auch 30 000 km sind unrealistisch. Das ist ja bereits drei Viertel der Länge des gesamten Äquators (Die Länge des Äquators ist etwa 40 075 km.).

Zur Sicherheit und zur genaueren Abschätzung des Arbeitsaufwands ist es aber sinnvoll, das ganze einmal durchzurechnen:

Das Volumen der Gesteinsmasse, die aus dem Tunnel transportieren werden muss, entspricht genau dem Volumen des Tunnels. Aus den Angaben der Aufgabe weißt du, dass der Tunnel 57 km lang ist (das entspricht 57 000 m) und Mechthild mit einem quadratischen Querschnitt plant. Demzufolge ist die Höhe des Tunnels mit 10 m genauso groß wie die in der Aufgabe angegebene Breite. Da das Volumen eines Quaders durch die Formel *„Länge x Breite x Höhe“* berechnet wird, betragen das Volumen des Tunnels und damit auch das Gesamtvolumen des ausgehobenen Gesteins

$V = 57\,000\text{ m} \cdot 10\text{ m} \cdot 10\text{ m} = 5\,700\,000\text{ m}^3$

Im zweiten Schritt rechnest du die Anzahl der benötigten Güterwaggons aus. Du weißt, dass jeder Waggon eine Gesteinsmasse von 70 m^3 transportieren kann. Teilst du das Gesamtvolumen des ausgehobenen Gesteins durch das Volumen, das ein Waggon transportieren kann, erhältst du die Anzahl der benötigten Güterwaggons:

$5\,700\,000\text{ m}^3 : 70\text{ m}^3$ pro Güterwaggon = 81 429 Güterwaggons

Diese 81.429 Waggons haben eine Länge von jeweils 13 m, sodass sich folgende Gesamtlänge des Güterzuges ergibt:

$81\,429 \cdot 13\text{ m} = 1\,058\,577\text{ m} \approx 1\,000\text{ km}$

Da die Annahmen von Mechthild sehr grob geschätzt sind (vor allem die Querschnittsfläche des Tunnels), macht eine auf einzelne Meter genaue Angabe keinen Sinn. Sinnvoll kannst du lediglich eine Größenordnung angeben, also dass der Zug etwa 1 000 km lang wäre. Diese Länge entspricht ungefähr der Strecke zwischen Berlin und Paris. Das ist natürlich völlig unrealistisch für einen Zug, gibt dir aber einen guten Einblick, welche Dimensionen dieses Projekt hätte.

Blick über den Tellerrand

Die Berechnungen in dieser Lösung stellen eine erste Abschätzung dar. Nimmt man Abschätzungen vor, muss man die realen Bedingungen stark vereinfachen. Bei dem Bau eines solchen Tunnels taugt eine Abschätzung nur zur Vorhersage des ungefähren Arbeitsaufwands. Die genauen Gegebenheiten können nach und nach in genauere Abschätzungen miteinbezogen werden. Zum Beispiel verfügt ein moderner Tunnelbohrer, wie er beim Gotthard-Basistunnel verwendet wurde, über einen runden Querschnitt. Der Tunnel wird deshalb keinen quadratischen Querschnitt haben. Zudem braucht ein richtiger Tunnel dieser Größenordnung Belüftungsschächte und Fluchtzugänge. Dadurch entsteht wesentlich mehr Abraum als in dieser Aufgabe berechnet.

Das Abschätzen mithilfe von vereinfachten Annahmen ist eine effektive Methode, um sehr schnell einen Eindruck von der Größenordnung eines Projekts zu erhalten. Besonders bei Entscheidungsfindungen in der Wirtschaft und Politik ist diese Methode ein wichtiges Hilfsmittel.

Als Meister der schnellen Abschätzungen galt der italienische Kernphysiker *Enrico Fermi* (1901–1954). Er war bekannt dafür, komplexe Fragestellungen mit sehr wenigen vorhandenen Daten beantworten zu können. Zum Beispiel „berechnete" er die Sprengkraft der ersten getesteten Atombombe, indem er Papierschnipsel in die Luft warf und beobachtete, wie sie von der Druckwelle verwirbelt wurden. Problemstellungen dieses Typs werden zu seinen Ehren auch „Fermi-Aufgaben" genannt.

Für die Lösung solcher Probleme brauchst du Allgemeinwissen oder Wissen über das Umfeld des konkreten Problems und etwas Kombinationsvermögen. Manchmal musst du auch zuerst ein paar Informationen einholen. Dann machst du Annahmen für Teilprobleme, die deinem Wissen über die realen Bedingungen möglichst nahekommen. Damit du Berechnungen anstellen kannst, müssen deine Teilabschätzungen als Zahlen dargestellt werden. Dann kannst du Schritt für Schritt das abgeschätzte Gesamtergebnis berechnen. Dieses Ergebnis ist häufig schon recht genau. Wenn du nach und nach mehr Daten über das Problem gewinnst, kannst du in weiteren Abschätzungen die Genauigkeit deines Ergebnisses noch verbessern. Im besten Fall kannst du auf diese Art ein funktionierendes Modell aufbauen.

Zum Weiterdenken

a) Wie viel Wasser verbrauchst du (verbraucht deine Familie) durchschnittlich am Tag? Diese Informationen kannst du mit eurer Nebenkostenabrechnung vergleichen. Frage deine Eltern danach. Recherchiere (z. B. im Internet), wie viel Wasser einem Menschen in einem Flüchtlingslager oder einem Atomschutzbunker täglich zur Verfügung stehen. Überschlage, wie viele Flüchtlinge ein Jahr mit dem Jahresverbrauch deiner Familie überleben könnten.

b) Wie lang ist der Weg, den du in einem Jahr zur Schule und wieder nach Hause gehst (fährst)? Schätze es ab, bevor du genau rechnest.

c) Wie viel Rindfleisch isst du (deine Familie, essen alle Deutschen) jedes Jahr? Kannst du dein Ergebnis in einer Anzahl von Tieren ausdrücken? Recherchiere (z. B. im Internet), wie viele Rinder in einer Rinderfarm in Argentinien leben, wie viel Kilogramm Rindfleisch ein Rind liefert und wie viel Kilogramm Rindfleisch somit eine Rinderfarm jährlich erwirtschaftet? Wie viele Familien können in Deutschland (Argentinien, USA) mit dem jährlichen Ertrag einer durchschnittlich großen Rinderfarm ihren Jahres-Rindfleischbedarf decken.

d) Wie viele Kühe hätte der Hof, der am Tag so viel Milch produzieren könnte, wie du im Jahr verbrauchst?

e) Wie viele Kilowattstunden Strom verbraucht deine Schule jährlich allein für das Licht? Wie viele Kilowattstunden könnten mit dem Umstieg auf LED-Lampen in deiner Schule jährlich gespart werden?

f) Denke dir eigene Fermi-Aufgaben aus. Zeige sie deinen Freunden oder Familienangehörigen und versucht sie (einzeln oder gemeinsam) zu lösen.

Eierkuchen

Antwortmöglichkeit c) ist richtig. Wichtel Grete hat fünf Enkelkinder.

Es gibt mehrere Möglichkeiten, die Lösung zu finden. Einige werden im Folgenden beschrieben.

Lösung durch Ausprobieren

Du kannst ausnutzen, dass es nur vier Antwortmöglichkeiten (2, 4, 5 und 6) gibt. Diese kannst du der Reihe nach durchprobieren:

$2 \cdot 2 + 3 = 7$ und $3 \cdot 2 - 2 = 4$, es können also keine zwei Enkelkinder sein.
$2 \cdot 4 + 3 = 11$ und $3 \cdot 4 - 2 = 10$, es können also auch keine vier Enkelkinder sein.
$2 \cdot 5 + 3 = 13$ und $3 \cdot 5 - 2 = 13$, bei fünf Enkelkindern geht es auf. Das stimmt also!
$2 \cdot 6 + 3 = 15$ und $3 \cdot 6 - 2 = 16$, bei sechs Enkelkindern geht es nicht auf.

Fünf Enkelkinder sind also die einzig passende Lösung.

Lösung durch Anschauen der fehlenden und überzähligen Eierkuchen

Festlegung: Wenn du dir jeweils den Rest anschaust, der in beiden beschriebenen Fällen übrig bleibt, kannst du die Lösung recht einfach finden. Um diesen Weg besser beschreiben zu können, ist es sinnvoll, die unbekannte Anzahl der Enkelkinder und die unbekannte Anzahl der Eierkuchen, die Grete mit den Zutaten *maximal* backen kann, jeweils mit einer *Variablen* (einem Platzhalter) zu bezeichnen. Die Anzahl der Enkelkinder kannst du zum Beispiel k (für Kinder) nennen und die Anzahl der Eierkuchen e.

Überlegung: Gretes Feststellung in der Aufgabe besagt Folgendes: Zwei Eierkuchen für jedes ihrer Enkelkinder $2 \cdot k$ sind insgesamt $e - 3$ Eierkuchen. Drei Eierkuchen für jedes ihrer Enkelkinder $3 \cdot k$ wären $e + 2$ Eierkuchen. Der Abstand k zwischen diesen beiden Zahlen $2 \cdot k$ und $3 \cdot k$ beträgt 5. Also muss die Anzahl der Enkelkinder $k = 5$ sein.

Lösungen mithilfe von Gleichungen

Die Feststellung, die Grete in der Aufgabe macht, beinhaltet zwei Aussagen. Der erste Satz ist eine Aussage (A) und die anderen beiden Sätze zusammen eine andere Aussage (B). Aus diesen Aussagen und den Festlegungen wie im vorherigen Lösungsweg kannst du auch zwei Gleichungen aufstellen, die du dann miteinander vergleichen kannst. Die Gleichungen enthalten die Anzahl der Enkelkinder k und die Anzahl der Eierkuchen e als Variablen:

Die beiden Aussagen (A) und (B) im Text kannst du mathematisch so ausdrücken:

Aussage (A): $2 \cdot k = e - 3 \Leftrightarrow 2 \cdot k + 3 = e$ und
Aussage (B): $3 \cdot k = e + 2 \Leftrightarrow 3 \cdot k - 2 = e$

Wie du siehst, ist bei beiden Gleichungen die rechte Seite gleich. Also müssen die beiden linken Seiten auch gleich sein. Du kannst sie also *gleichsetzen*.

$2 \cdot k + 3 = 3 \cdot k - 2$

Das kannst du auch kürzer schreiben, denn „Mal"-Punkte darfst du in Termen weglassen:

$2k + 3 = 3k - 2$

Dieses *Gleichsetzungsverfahren* kannst du generell für zwei Gleichungen anwenden, bei denen eine Seite gleich ist. In den meisten Fällen musst du die Gleichungen dafür vorab noch umformen (wie oben). Hier kannst du die entstandene Gleichung nun nach k auflösen. Dabei musst du auf beiden Seiten immer dieselbe Operation durchführen, damit beide Seiten auch wirklich gleich bleiben. Der Doppelpfeil ist ein *Äquivalenzzeichen* – es bedeutet, dass du aus der ersten Gleichung die zweite Gleichung folgern kannst und auch das *Rückwärtsschließen* von der zweiten Gleichung zur ersten richtig ist. Dies ist nicht immer der Fall!

$2k + 3 = 3k - 2 \mid +2$
$\Leftrightarrow 2k + 5 = 3k \mid -2k$
$\Leftrightarrow 5 = 3k - 2k \mid$ *zusammenfassen*
$\Leftrightarrow 5 = k \mid$ *Seiten vertauschen*
$\Leftrightarrow k = 5$

Das Ergebnis $k = 5$ bedeutet, dass Wichtel Grete fünf Enkelkinder hat.

Norwegische Nachbarschaftshilfe

Antwortmöglichkeit b) ist richtig: Die Ordnungshüter Erkenbald und Widukind von der Wichtelverwaltung müssen mindestens zwei der vier Wichtel kontrollieren.

Du kannst systematisch vorgehen und dir bei jedem Wichtel überlegen, ob sie bzw. er kontrolliert werden muss oder nicht:

1. Ottilie, links im Bild, ist Rentierwichtel und darf daher keinen Superkräfte-Kräutertrank trinken. Erkenbald und Widukind können nicht erkennen, was sie trinkt. Deshalb muss sie kontrolliert werden.
2. Oswald, zweiter von links, ist Geschenkewichtel. Er darf also den Superkräfte-Kräutertrank trinken. Zwar können Widukund und Erkenbald nicht erkennen, was er trinkt - aber das ist egal. Er darf trinken, was er möchte und muss nicht kontrolliert werden.
3. Ada trinkt den Superkräfte-Kräutertrank. Dafür muss sie Geschenkewichtel sein. Beim Trinken geht aber, wie im Bild zu sehen, ein Schock durch den Wichtelkörper. Dieser war bei Ada so stark, dass ihr Schild abgefallen ist. Deshalb können Widukind und Erkenbald nicht sehen, wo sie arbeitet und müssen sie kontrollieren.
4. Leas, der Glasbläserwichtel, trinkt Limonade. Die beiden Ordnungshüter müssen ihn deshalb nicht kontrollieren.

Zusammenfassung

Ottilie und Ada müssen kontrolliert werden, also mindestens zwei. Die anderen beiden könnten natürlich auch noch einmal kontrolliert werden. Das ist aber nicht notwendig. So können Widukind und Erkenbald Zeit sparen.

Blick über den Tellerrand

Wenn viele Menschen einer Region zeitnah an der gleichen Infektion erkranken, spricht man von einer *Epidemie*. Im Laufe der Geschichte gab es immer wieder größere Epidemien. Die bekanntesten sind Cholera, Typhus, Lepra, Grippe oder die Tropenfieber Malaria und Dengue-Fieber.

Eine der größten Epidemien der Menschheit war aber die Pest (von lat. „pestis“ = Seuche), welche die Menschen, vor allem im Mittelalter, in mehreren großen Pestwellen heimgesucht hat. Schätzungen zufolge starb in der Mitte des 14. Jahrhunderts

(1347–1352) etwas mehr als ein Drittel der damaligen Bevölkerung Europas an der Pest. Das entspricht nach verschiedenen Quellen ca. 25 bis 40 Millionen von insgesamt ca. 80 Millionen in Europa lebenden Menschen. Sie lebten damals unter sehr unhygienischen Bedingungen und so konnte die Pest von „Zwischenwirten“, zum Beispiel Ratten, Flöhen oder Insekten, auf den Menschen übertragen werden. Die infizierten Personen erkrankten innerhalb weniger Stunden oder Tage zunächst an Fieber und Gliederschmerzen. Danach traten am ganzen Körper schwarz-blaue Pestbeulen mit einer Größe von bis zu zehn Zentimetern auf, die sehr schnell zum Tod führten. Diese Beulenpest wurde deshalb auch „Der Schwarze Tod“ genannt. Auch heute ist die Krankheit noch in einigen Teilen der Welt zu finden.

Im Mittelalter war den Menschen nicht klar, wie die Krankheit übertragen wurde und woher sie kam. In Venedig, zu dieser Zeit eine der bedeutendsten Handelsstädte, wurden die ausländischen Handelsschiffe als Schuldige für diese Katastrophe ausgemacht. Es wurde verfügt, dass alle Personen und Waren der Schiffe für 40 Tage auf der vorgelagerten Insel Lazzaretto Nuovo auf die Einreise warten mussten, um nicht weitere Pest-Erreger einzuschleppen. Zu diesem Zweck wurde ein spezielles Lazarett auf der Insel gebaut, deshalb trägt sie diesen Namen. Im Italienischen heißt die Zahl vierzig „quaranta“. Daher stammt der noch heute gültige Begriff „Quarantäne“. Die Quarantäne hat sich als eine wirksame Maßnahme erwiesen, um die Ausbreitung von Seuchen zu vermeiden. Auch heutzutage müssen eingeführte Haustiere und Personen, die sich mit bestimmten Krankheiten, wie Pest oder hämorrhagischem Fieber infiziert haben, in Deutschland für eine gewisse Zeit isoliert werden.

Gegen viele Krankheiten wurden im Laufe der Zeit Impfstoffe entwickelt, die geimpfte Personen *immunisieren*. Durch flächendeckende Impfungen konnten viele Krankheiten wie z. B. Kinderlähmung (Polio) und Masern in den industriellen Ländern fast ausgerottet werden. In den letzten Jahren kommt es aber wieder vermehrt zur Ausbreitung von überwunden geglaubten Infektionskrankheiten, speziell der Tuberkulose (gegen die viele zum Teil multiresistente Antibiotika nicht mehr wirken) und Masern. Besonders betroffen sind die ehemaligen Sowjetrepubliken in Zentral- und Westasien sowie Afrika südlich der Sahara. Dort führen verschiedene Hilfsorganisationen wie z. B. „Ärzte ohne Grenzen“ verstärkt Impfkampagnen durch, um die weitere Ausbreitung zu verhindern.

Masern sind eine sehr ansteckende Viruserkrankung, bei der sich die Augen entzünden, hohes Fieber und Ausschlag auftreten. Sie kann tödlich enden. Zum Zeitpunkt der Verfassung der 1. Auflage dieses Buches, im Juli 2013, gab es auch in mehreren Regionen Deutschlands wieder verstärkt Masern-Ausbrüche. In Deutschland gibt es keine Impfpflicht. Eltern können für ihre Kinder selbst entscheiden, welche Impfungen in Anspruch genommen werden und welche nicht. Die Weltgesundheitsorganisation (kurz: WHO) spricht Impfempfehlungen für alle Länder der Welt aus, teilweise - je nach der Ansteckungsgefahr - nur für bestimmte Regionen oder Personengruppen, die z. B. täglich mit vielen Menschen zusammentreffen oder wegen einer Krankheit bereits geschwächt sind. Nach Angaben des Bundesministeriums für Gesundheit ist der Impfschutz insbesondere bei Masern nicht so weit verbreitet wie von der WHO empfohlen. Es wurde festgestellt, dass viele Jugendliche und Kinder in Deutschland (nach einer Vergleichsstudie ca. zwei Drittel des Geburtenjahrgangs von 2008) nicht oder zu spät immunisiert wurden.

Wehe, wenn sie losgelassen

Antwortmöglichkeit a) ist richtig. Es kann sich aussuchen, in welche Box es geht.

Du kannst diese Aufgabe mit einer Mischung aus Nachdenken und ein bisschen Rechnen lösen. Dafür ist es nützlich, die Boxen (wie in der Aufgabe) nach ihrer Reihenfolge vom Eingang aus zu nummerieren.

Wenn du die Regeln konsequent anwendest, kommt folgende Reihenfolge heraus:

- Das erste Rentier kann sich die Box aussuchen, denn es sind in allen Boxen gleich viele (nämlich 0) Rentiere. Wenn es sich für die 1. oder 2. Box entscheidet, muss das zweite Rentier nach der dritten Regel in die 4. Box gehen. Wenn das erste Rentier in die 3. oder 4. Box geht, muss das zweite Rentier in die erste Box gehen. Das dritte Rentier muss dann in die freie Box neben dem ersten Rentier gehen und das vierte Rentier die einzig verbliebene freie Box wählen.
- Dann sind wieder alle Boxen mit der gleichen Anzahl an Rentieren gefüllt (nämlich überall 1). Das fünfte Rentier hat dann dieselbe Auswahl wie das erste Rentier, das sechste Rentier dieselbe Auswahl wie das zweite Rentier und so weiter. Nach jeweils vier weiteren Rentieren sind immer alle Boxen mit der gleichen Anzahl Rentieren gefüllt.
- Sobald in einer Box ein Rentier mehr steht als in den anderen, werden nach Regel 3 zuerst alle anderen Boxen nach dem Prinzip der weitesten Entfernung „aufgefüllt“. Die nächsten drei Rentiere können also nicht frei wählen, wohin sie gehen. Es befinden sich in den vier Boxen immer die gleiche Anzahl Rentiere, wenn sich die Gesamtanzahl der Rentiere, die bereits im Stall sind, durch 4 teilen lässt.
- Wenn das letzte (das 33.) Rentier an der Reihe ist, bedeutet dies, dass sich bereits 32 Rentiere in die vier Boxen eingeordnet haben. Da 32 ein Vielfaches von 4 ist ($4 \cdot 8 = 32$), müssen in allen Boxen gleich viele Rentiere stehen – jeweils 8. Das 33. Rentier kann sich die Box, in die es geht deshalb aussuchen. Dabei ist es egal, welche Positionen die vorhergehenden Rentiere gewählt haben.

Wenn alle Regeln konsequent angewendet werden, gibt es zum Schluss drei Boxen mit je 8 Rentieren und eine Box mit 9 Rentieren.

Blick über den Tellerrand

Diese Aufgabe kannst du auch mit dem *Schubfachprinzip* lösen. Die Hauptaussage des Schubfachprinzips ist: Sind mehr Objekte als Fächer vorhanden, dann befinden sich in mindestens einem der Fächer mindestens zwei Objekte. Dies kannst du dir ganz einfach klarmachen: Hast du genauso viele Objekte wie Fächer, kannst du in jedes Fach ein Objekt geben. Aber wenn jetzt noch ein weiteres Objekt dazukommt, gibt es kein freies Fach mehr und du musst ein Fach doppelt belegen.

Angewendet auf die Aufgabe heißt das: Du hast vier Schubfächer (Ställe) und 33 Objekte (Rentiere), die du in diese vier Fächer sortieren möchtest.

Das Schubfachprinzip stammt vermutlich von dem deutschen Mathematiker *Johann Peter Gustav Lejeune Dirichlet* (1805–1859). Er soll es erstmals im Jahr 1834 explizit formuliert haben.

Heute ist dieses Prinzip auch als *Taubenschlagprinzip* bekannt. Die Argumentation ist die gleiche: Wenn mehr als n Tauben auf n Taubenschläge verteilt werden, so sind in einem Schlag mindestens zwei Tauben. Du weißt nicht, in welchem Taubenschlag mindestens zwei Tauben sind und auch nicht, wie viele Tauben dort genau drin sind.
Das Prinzip lässt sich von Fächern und Objekten, die man dort hineinlegt, auf beliebige *Eigenschaften* und *Elemente*, denen diese Eigenschaften zugeordnet werden, übertragen. Dies lässt sich mathematisch mit folgender Aussage beschreiben:

„Ordnet man m Elementen n Eigenschaften zu, wobei $m > n$ ist, so gibt es mindestens zwei Elemente mit derselben Eigenschaft."

m und n stehen dabei für beliebige natürliche Zahlen größer als 1 (also die Zahlen 2, 3, 4, ...).

Auch wenn dir das Schubfachprinzip selbstverständlich vorkommt, muss es in der Mathematik erst einmal bewiesen werden, um es benutzen zu dürfen. Dies ist aber ganz einfach: Nehmen wir an, alle Elemente hätten verschiedene Eigenschaften, so gäbe es bei n Eigenschaften höchstens n Elemente. Die Anzahl der Elemente haben wir mit m bezeichnet, es wäre also $m \leq n$. Als Voraussetzung gilt aber, dass es mehr Elemente als Eigenschaften gibt, also dass $m > n$. Dies ist ein *Widerspruch*, denn es kann nicht sein, dass m gleichzeitig größer und kleiner oder gleich n ist. Da nun nicht alle Elemente verschiedene Eigenschaften haben können, muss es mindestens zwei unter ihnen geben, die dieselbe Eigenschaft haben.

Nun ein paar Beispiele:

1. Unter 13 Personen haben mindestens zwei im selben Monat Geburtstag. (Personen = Objekte oder Elemente; Monate = Fächer oder Eigenschaften). Auch wenn die ersten 12 Personen alle in verschiedenen Monaten Geburtstag haben, muss die 13. Person in einem Monat Geburtstag haben, in dem schon eine andere Person Geburtstag hat, da es nicht mehr als 12 Monate gibt. Hätten alle 13 Personen im selben Monat Geburtstag, wäre das Prinzip auch erfüllt, da auch in diesem Fall mehr als zwei Personen im selben Monat Geburtstag haben.
2. Von 11 natürlichen Zahlen enden mindestens zwei mit derselben Ziffer, weil es nur 10 verschiedene Ziffern gibt.
3. Bei einem Memory-Spiel gibt es 32 Paare. Wie viele Karten musst du mindestens herausnehmen, um sicher ein Paar darunter zu haben? Im Stapel sind 32 verschiedene Motive (Eigenschaften). Ziehst du 32 Karten (Elemente), hast du also im schlechtesten Fall 32 verschiedene Motive erwischt. Ziehst du jedoch eine Karte mehr, also insgesamt 33 Karten, so kannst du dir sicher sein, dass du ein Motiv erwischst, welches du bereits vorher gezogen hast. Du hast also mindestens ein Paar, wenn du mindestens 33 Karten ziehst.
4. In München gibt es mindestens zwei Menschen, die dieselbe Anzahl Haare auf dem Kopf haben. Ein Mensch hat etwa 100 000 bis 200 000 Haare auf dem Kopf, auf jeden Fall weniger als 1 Million Haare. München hat mehr als 1 Million Einwohner (etwa 1,3 Millionen). Nach dem Schubfachprinzip gilt dann, dass mindestens zwei Münchner dieselbe Anzahl Haare auf dem Kopf haben.

Dieses an sich sehr einfache Prinzip kann trotz (oder gerade wegen) seiner Einfachheit dabei helfen, bestimmte mathematische Sachverhalte zu beweisen. Zum Beispiel lässt sich mit dessen Hilfe die folgende Aussage beweisen:

„Unter 6 Personen gibt es eine 3er Gruppe, in der sich alle untereinander kennen oder sich alle untereinander nicht kennen.“

Dies zu verstehen, ist nicht ganz so einfach, wie die anderen vier Beispiele. Die Idee ist folgende: Die Eigenschaften sind in diesem Fall „kennen“ und „nicht kennen“. Wir bezeichnen die 6 Personen mit $p_1, \ldots, p_6$ und betrachten die erste Person p_1. Nach dem Schubfachprinzip hat p_1 in der 6er-Gruppe entweder 3 Personen, die sie kennen, oder drei Personen, die sie nicht kennen. Wir nehmen an, dass p_1 mindestens drei Personen kennt. Für diese drei Personen – nennen wir sie p_2, p_3, p_4 – gilt nun Folgendes: Entweder sie kennen sich alle drei untereinander nicht (dann sind wir fertig und unsere Aussage ist bewiesen, weil sich genau drei Personen nicht untereinander kennen) oder mindestens zwei unter ihnen kennen sich gegenseitig, sagen wir das sind p_2 und p_3. In diesem Fall sind wir ebenfalls fertig, da wir drei Personen gefunden haben, die sich gegenseitig kennen: nämlich p_1, p_2 und p_3. Der andere Fall, dass p_1 mindestens drei weitere Personen nicht kennt, läuft entsprechend.

Die Aussage in diesem Beispiel ist ein einfacher Spezialfall des bekannten *Satz von Ramsey* (ein Satz ist eine bewiesene Aussage). Durch diesen Satz ist ein ganzer Zweig der Mathematik entstanden, die sogenannte *Ramsey-Theorie*.

Wenn du mehr darüber erfahren willst, kannst du auf diesen Seiten mit der Suche anfangen:
http://de.wikipedia.org/wiki/Schubfachprinzip
http://de.wikipedia.org/wiki/Ramseytheorie

Zum Weiterdenken

1. Finde weitere Beispiele für das Schubfachprinzip ...
   a) in deinem Alltag und/oder
   b) in anderen Zusammenhängen.
2. Kannst du mit dem Schubfachprinzip auch herausfinden, ob in mehreren Schubfächern mehr als ein Objekt liegt oder wie viele Objekte in den einzelnen Schubfächern liegen?

Ebbe und Flut

Antwortmöglichkeit c) ist richtig. Das Schiff kann wegen der Tide frühestens um 12:15 Uhr in den Wichtelhafen einlaufen.

Das Diagramm mit der Tiden-Info hilft dir, die richtige Antwort zu finden. Die rote Linie zeigt an, wie hoch der Wasserstand zu einer bestimmten Uhrzeit ist. Sie ergibt sich daraus, dass zu jeder Uhrzeit auf der waagerechten Zeitachse ein bestimmter Wert in der senkrechten Richtung des Wasserstands zugeordnet und mit einem roten Punkt markiert wurde. Du kannst dort zu jedem Uhrzeit-Wert die zugehörige Höhe des Wasserstandes ablesen und umgekehrt zu einer bestimmten Höhe des Wasserstandes die jeweilige(n) Uhrzeit(en), wann sie erreicht wird.

Da das Schiff der norwegischen Trolle einen Tiefgang von 15,70 m hat und es dazu noch 50 cm Wasser unter dem Kiel benötigt, muss der Wasserstand im Wichtelhafen mindestens 15,70 m + 0,50 m = 16,20 m betragen, damit es einlaufen kann.

Da es bereits 9:00 Uhr ist, musst du den nächsten nach 9:00 Uhr liegenden Zeitpunkt ablesen, an dem der Wasserstand mindestens 16,20 m beträgt. An dem Graphen ist abzulesen, dass der Wasserstand das nächste Mal etwa gegen 12:15 Uhr eine Tiefe von 16,20 m erreicht. Deshalb ist Antwortmöglichkeit c) richtig.

Blick über den Tellerrand

Du hast vielleicht schon selbst gesehen, dass das Wasser an den Küsten mal höher und mal niedriger steht. Verantwortlich dafür sind die Gezeiten: *Ebbe* und *Flut*. Ebbe nennt man den Zeitraum zwischen Hoch- und Niedrigwasser, in dem das Wasser abläuft, und Flut den Zeitraum, in dem das Wasser wieder ansteigt.

Sehr gut kannst du das Absinken des Meeresspiegels an den flachen Stellen der Nordseeküste beobachten. Bei Ebbe zieht sich das Wasser dort soweit zurück, dass stundenlang nur der Meeresboden zu sehen ist. Der bei Niedrigwasser freiliegende Grund wird als Watt bezeichnet. Im Watt befindet sich ein System aus Flüssen, die man Priele nennt. Aus den Prielen läuft bei Ebbe als letztes das Wasser heraus und bei aufkommender Flut als erstes wieder hinein. Sie weisen bei ablaufendem und ansteigendem Wasser starke Strömungen auf.

Das weltweit größte Wattenmeer liegt an der schleswig-holsteinischen, niedersächsischen und niederländischen Nordseeküste. Es ist 450 km lang und bis zu 40 km breit und steht unter Naturschutz. Seit 2009 ist es sogar *UNESCO-Weltnaturerbe*. 2011 erweiterte die UNESCO den geschützten Bereich des Weltnaturerbes um das hamburgische Wattenmeer. Die englische Abkürzung **UNESCO** bedeutet „**U**nited **N**ations **E**ducational, **S**cientific and **C**ultural **O**rganization"; die offizielle deutsche Übersetzung lautet: „Organisation der Vereinten Nationen für Erziehung, Wissenschaft und Kultur".

Das Wattenmeer zieht in der Sommersaison Tausende von Touristen an. Wattwanderungen machen viel Spaß – vor allem barfuß! Doch ganz ungefährlich ist das Wandern im Watt auch bei Ebbe nicht, denn auch, wenn der Meeresgrund bei Ebbe trocken gefallen ist und der Weg zum Strand mühelos erscheint, können die Priele zu unüberwindbaren Hindernissen werden. Manchmal zieht auch Seenebel auf und du verlierst durch die schlechte Sicht komplett die Orientierung. Nur ein Kompass kann dir dann zeigen, in welcher Richtung das Land und in welcher die offene See liegt. Deshalb muss man immer genau wissen, wann man im Watt wo langgeht. Unabdingbar sind deswegen orts- und gezeitenkundige Wattführer. Jedes Jahr ertrinken Menschen im Wattenmeer!

Auch für Seeleute ist es sehr wichtig zu wissen, wann das Wasser gerade wie hoch steht. Wenn es sehr niedrig steht, können große, beladene Schiffe nicht in den Hafen ein- oder auslaufen. Sie brauchen dafür eine gewisse Wassertiefe. Glücklicherweise kann man durch die Regelmäßigkeit das Wechselspiel von Ebbe und Flut gut im Voraus berechnen. In einem sogenannten Tidenkalender werden die Zeitpunkte für Hoch- und Niedrigwasser vermerkt. Die Vorausberechnungen der Gezeiten des **B**undesamtes für **S**eeschifffahrt und **H**ydrographie (kurz: **BSH**) sind im Internet abrufbar.

Warum gibt es denn nun überhaupt Ebbe und Flut?

Die Schwankungen des Wasserstandes der Meere hängen im Wesentlichen mit zwei physikalischen Kräften zusammen: der Anziehungskraft und der Fliehkraft. Wer diese Kräfte kennt, versteht auch besser, warum es Ebbe und Flut gibt.

Die erste Kraft ist die Schwerkraft, die auch dich auf dem Boden der Erde hält. Diese entsteht durch die *Anziehungskraft der Erde*. Man nennt diese auch Erdanziehungskraft oder *Gravitationskraft*. Ohne sie würden wir alle in der Luft herumfliegen, so wie die Astronauten im Weltall. Jeder Körper besitzt selbst eine gewisse Anziehungskraft, auch du oder der Mond. Je geringer die Masse des Körpers ist, desto geringer ist auch seine Anziehungskraft. Von daher spielt deine Anziehungskraft hier keine Rolle, weil du im Verhältnis zur Erde viel zu leicht bist. Die Anziehungskraft des Mondes hat aber in der Tat Einfluss auf den Wasserstand der Meere. Da das Wasser flüssig ist, kann es sich durch die Anziehungskraft des Mondes leicht verschieben. So entsteht auf der mondzugewandten Erdseite durch die Anziehungskraft des Mondes ein sogenannter „Flutberg“. Weil sich die Erde innerhalb von 24 Stunden einmal um ihre eigene Achse dreht, bewegt sie sich unter dem Flutberg hindurch. Daraus resultiert das Wechselspiel von Ebbe und Flut.

Doch warum gibt es ungefähr alle 12 Stunden Hochwasser?

Der zweite Flutberg bildet sich auf der gegenüberliegenden, mondabgewandten Seite der Erde. Um das zu erklären, musst du dir die zweite Kraft, die *Fliehkraft*, genauer anschauen. Sie entsteht, wenn sich ein Objekt um ein Drehzentrum dreht, man sagt auch: rotiert. Die Fliehkraft ist die Kraft, die dich auf einem drehenden Karussell nach außen drückt.

Es scheint, als drehe sich der Mond um die Erde. Aber schaust du genauer hin, drehen sich Mond und Erde, die durch die Anziehungskraft verbunden sind, um ihr gemeinsames Drehzentrum. Das kannst du nachempfinden, wenn du dich mit jemandem an den Händen fasst und ihr euch gemeinsam dreht. Euer Drehzentrum liegt ungefähr dort, wo sich eure Hände anfassen, wenn ihr gleich schwer seid. Allerdings ist die Erde viel schwerer als der Mond. Deshalb liegt das Drehzentrum nicht in der Mitte zwischen Erde und Mond, sondern im sogenannten *Massenschwerpunkt* des Mond-Erde-Systems. Der Massenschwerpunkt ist ein Punkt innerhalb der Erde auf der Linie zwischen Erdmittelpunkt und Mond.

Die Bewegung der beiden gleicht also eher der eines Hammerwerfers, der über die relativ leichte Kette mit der Kugel des Hammers verbunden ist. Der Hammerwerfer ist viel schwerer als die Kugel, dreht sich aber dennoch um einen Punkt, der sich auf der Linie zwischen seinem Körperzentrum und der Kugel befindet. Das kannst du gut als kleines Schwanken vor dem Abwurf erkennen. Von daher ist es nicht ganz korrekt, zu sagen, dass sich der Mond um die Erde dreht, tatsächlich drehen sie sich beide um ihren gemeinsamen Massenschwerpunkt. Dabei kreist der Mond in einem Abstand von 380 000 km um diesen gemeinsamen Massenschwerpunkt und die Erde in einem viel kleineren Kreis mit einem Radius von 4 600 km.

Die vom Mond abgewandte Seite der Erde liegt bei dieser Kreisbewegung immer außen. Die Fliehkraft drückt also das Wasser in diese Richtung und es entsteht ein weiterer Flutberg. Daher gibt es insgesamt zwei Flutberge, die sich genau gegenüber liegen. In beiden Bereichen entstehen so höhere Wasserstände. Weil sich die Erde einmal in 24 Stunden um sich selbst dreht, wird an allen Küstenorten der Erde dieser höhere Wasserstand etwa zweimal am Tag erreicht.

Da sich der Mond aber gleichzeitig um die Erde dreht, findet der Wechsel zwischen Ebbe und Flut nicht genau alle 12 Stunden statt. Er verschiebt sich immer etwas, da der Mondaufgang täglich etwa 51 Minuten später stattfindet. Teilt man nun diese 51 Minuten Verspätung durch 2 (weil es zwei Flutberge am Tag gibt), kommt man auf 25,5 Minuten Verschiebung pro Tide. In der Summe wechseln sich Ebbe und Flut also ungefähr alle 12 Stunden und 25 Minuten ab. An allen Orten der Erde, die sich gerade zwischen zwei Hochwasserzeitpunkten befinden, steht das Wasser dementsprechend niedrig. Da sich die Drehungen von Mond und Erde ganz regelmäßig vollziehen, finden periodische Wasserbewegungen zwischen Hoch- und Niedrigwasser statt. Die Kurve auf der Tideninfo in der Aufgabe ähnelt deshalb einer Sinusfunktion.

Zum Weiterdenken

Plane eine Segeltour um die ostfriesischen Inseln (Wangerooge, Spiekeroog, Langeoog, Baltrum, Norderney, Juist und Borkum). Mit Kielbooten kann man in den Tidengewässern nur wenige Routen wählen, weil die Boote zu viel Tiefgang haben. Deshalb plane die Tour mit einer Segeljacht mit einem Hubkiel, welchen man anheben kann, um weniger Tiefgang zu haben. Rechne mit einem 90 cm tiefen Kiel und 10 cm Sicherheitsabstand, also 1 Meter Tiefgang. Schaue dir das Gebiet der ostfriesischen Inseln auf einer Seekarte, die Tiefenangaben beinhaltet, genau an. Informiere dich außerdem in einem Tidenkalender. Wenn es nicht anders passt, kannst du auch nachts segeln oder trocken fallen (die Jacht liegt dann mit hoch gekurbeltem Kiel auf dem Grund) und du machst einfach Pause und wartest, bis das Wasser bei der Flut wiederkommt. Plane eine Tour mit genauen Zeitangaben (Datum und Uhrzeiten).

Fällt Weihnachten aus?

Antwortmöglichkeit a) ist richtig. Der Weihnachtsmann kann 200 000 Häuser nicht besuchen.

Bevor du losrechnest, kannst du die Antwortmöglichkeit d) ganz einfach ausschließen: Der Weihnachtsmann hat zu Beginn seiner Tour einen Bauchumfang von 110 cm, der erste Schornstein einen Umfang von 120 cm. Deshalb kann er sicher das erste Haus von den 1 000 000 Häusern besuchen. Es bleiben also definitiv weniger Häuser als 1 000 000 übrig, die er nicht besuchen kann.

Die ersten 200 000 Häuser, die der Weihnachtsmann besucht, haben einen inneren Schornsteinumfang von 120 cm. Durchschnittlich bekommt er in jedem 40. Haus eine Portion Milch und Kekse, also stehen in der ersten Häusertour für den Weihnachtsmann 200 000 : 40 = 5 000 Portionen bereit. Du kannst den neuen Bauchumfang deshalb so berechnen:

$$110 \text{ cm} + 5000 \cdot 0{,}001 \text{ cm} = 110 \text{ cm} + 5 \text{ cm} = 115 \text{ cm}$$

Der Weihnachtsmann kann also alle von den ersten 200 000 Häusern besuchen und seine Reise fortsetzen, da er mit einem Bauchumfang von 115 cm am Ende noch unter dem Schornsteinumfang von 120 cm liegt.

Weiter kommst du auf zwei unterschiedlichen Wegen: entweder durch das Aufstellen von Gleichungen oder aber durch das schrittweise Herantasten, quasi durch Ausprobieren, wie viele Schornsteine der Weihnachtsmann noch schafft.

1. Lösungsmöglichkeit mit Gleichungen

Die nächsten 500 000 Häuser, die der Weihnachtsmann besuchen möchte, haben einen Schornsteinumfang von 125 cm. Ob er diese noch alle schafft, ist fraglich. Bezeichnest du mit x die Anzahl der Häuser, die der Weihnachtsmann vom Umfang des Schornsteins her noch schaffen kann, so erhält er in $\frac{x}{40}$ Häusern eine Portion Milch und Kekse. Somit wächst sein Bauch in $\frac{x}{40}$ Fällen um 0,001 cm an. Bis sein Bauchumfang 125 cm erreicht hat, kann er noch Häuser besuchen. Danach geht es nicht mehr.

Du kannst daraus eine Gleichung aufstellen und sie nach x auflösen. So findest du die gesuchte Anzahl an Häusern heraus. Die Zentimeter kannst du bei der Rechnung der Einfachheit halber weglassen. Du findest auch hier wieder die Äquivalenzpfeile wie in der Lösung zur Aufgabe „Eierkuchen“:

$115 + \frac{x}{40} \cdot 0{,}001 = 125 \mid -115$

$\Leftrightarrow \frac{x}{40} \cdot 0{,}001 = 10 \mid : 0{,}001$ *oder* $\mid \cdot 1\,000$

$\Leftrightarrow \frac{x}{40} \cdot = 10\,000 \mid \cdot 40$

$\Leftrightarrow x = 400\,000$

Da es 500 000 Häuser dieser Sorte gibt, kann der Weihnachtsmann 500 000 - 400 000 = 100 000 Häuser nicht mehr besuchen.

Nun macht er sich noch auf den Weg zu den verbliebenen 300 000 Häusern, die einen inneren Schornsteinumfang von 130 cm haben. Bezeichnest du jetzt mit y die Anzahl der Häuser, die der Weihnachtsmann vom Umfang des Schornsteins her noch schaffen kann, so erhält er in $\frac{y}{40}$ Häusern eine Portion Milch und Kekse. Sein Bauch wächst somit in $\frac{y}{40}$ Fällen um 0,001 cm an. Bis er einen Bauchumfang von 130 cm erreicht hat, kommt er noch durch die Schornsteine. Danach geht es nicht mehr. Du kannst damit folgende Gleichung aufstellen, die du diesmal nach y auflösen musst:

$125 + \frac{y}{40} \cdot 0{,}001 = 130 \mid -125$

$\Leftrightarrow \frac{y}{40} \cdot 0{,}001 = 5 \mid \cdot 1\,000$

$\Leftrightarrow \frac{y}{40} = 5\,000 \mid \cdot 40$

$\Leftrightarrow y = 200\,000$

Da es dieses Mal 300 000 Häuser dieser Sorte gibt, kann der Weihnachtsmann wieder 300 000 - 200 000 = 100 000 Häuser nicht mehr besuchen. Es bleiben also auch hier 100.000 Häuser übrig, die der Weihnachtsmann nicht besuchen kann.

Insgesamt passt der Weihnachtsmann also in 100 000 + 100 000 = 200 000 finnischen Häusern nicht durch den Schornstein und kann somit 200 000 Häuser nicht besuchen.

2. Lösungsmöglichkeit mit systematischem Probieren

Du kannst, wie oben, leicht berechnen, dass der Weihnachtsmann die ersten 200 000 Häuser alle besuchen kann und dann einen Bauchumfang von 115 cm hat. Von der zweiten Häusersorte gibt es 500 000 Stück. Du könntest nun zum Beispiel in 100 000er-Schritten probieren, in wie viele Schornsteine mit dem inneren Schornsteinumfang von 125 cm der Weihnachtsmann noch hinein passt. In jedem 40. von 100 000 Häusern steht die Portion Milch und Kekse, also in 100 000 : 40 = 2 500 Häusern. Nach 100 000 Häusern hat der Weihnachtsmann also folgenden Bauchumfang erreicht:

115 cm + 2 500 · 0,001 cm = 115 cm + 2,5 cm = 117,5 cm

Nach weiteren 100 000 Häusern hat der Weihnachtsmann folgenden Bauchumfang erreicht:

117,5 cm + 2 500 · 0,001 cm = 117,5 cm + 2,5 cm = 120 cm

Nach den nächsten 100 000 Häusern hat der Weihnachtsmann folgenden Bauchumfang:

120 cm + 2 500 · 0,001 cm = 120 cm + 2,5 cm = 122,5 cm

Du kannst schon erkennen, dass er nach weiteren 100.000 Häusern den maximalen Bauchumfang erreicht hat:

122,5 cm + 2 500 · 0,001 cm = 122,5 cm + 2,5 cm = 125 cm

Er kommt nach 4 · 100 000 = 400 000 Häusern am *Limit* an und kann keine weiteren Häuser mit dieser Schornsteingröße mehr besuchen. Es bleiben also 500 000 − 400 000 = 100 000 Häuser übrig, die er nicht mehr besuchen kann.

Von der dritten Häusersorte gibt es 300 000 Stück. Auch hier kannst du wieder in 100 000er-Schritten probieren, wie viele Schornsteine mit dem inneren Schornsteinumfang von 130 cm der Weihnachtsmann noch schafft. Auch hier steht in jedem 40. der 100 000 Häuser wieder die Portion Milch und Kekse, also in 100 000 : 40 = 2 500 Häusern. Nach 100 000 Häusern hat der Weihnachtsmann folgenden Bauchumfang erreicht:

125 cm + 2 500 · 0,001 cm = 115 cm + 2,5 cm = 127,5 cm

Nach weiteren 100 000 Häusern erreicht er den maximalen Bauchumfang:

127,5 cm + 2 500 · 0,001 cm = 117,5 cm + 2,5 cm = 130 cm

Dieses Mal ist er schon bei 2 · 100 000 = 200 000 Häusern am Limit angekommen und kann keine weiteren Häuser mit dieser Schornsteingröße mehr besuchen. Es bleiben also auch hier 300 000 – 200 000 = 100 000 Häuser übrig, die er nicht mehr besuchen kann.

Insgesamt kann der Weihnachtsmann 100 000 + 100 000 = 200 000 Schornsteine nicht durchqueren und somit 200 000 Häuser nicht besuchen.

Erste Vorbereitungen

Antwortmöglichkeit b) ist richtig: Nach zweimaligem Umklappen liegt die Kante $\overline{AB}$ richtig herum, mit der lesbaren Aufschrift „Der Weihnachtsmann“ vorne.

Die Antwortmöglichkeiten kannst du der Reihe nach durchgehen.

a) Einmaliges Umklappen kannst du grundsätzlich ausschließen.

Wenn Holgar und Frodo die Platte einmal umklappen würden, stünde der Schriftzug auf dem Kopf. Diese Möglichkeit ergibt also keinen Sinn.

b) Zweimaliges Umklappen geht.

Ob es mit zweimaligem Umklappen funktioniert, kannst du mit ein wenig Probieren herausfinden. Veranschauliche dir die Startposition und die gewünschte Endposition. Danach kannst du dir überlegen, wie die Platte in der Position dazwischen liegen muss, damit es einen direkten Übergang gibt. Dafür gibt es mehrere Möglichkeiten. Beispielsweise funktioniert es, wenn Frodo und Holgar die Platte erst über die Kante $\overline{CD}$ und dann über die Kante $\overline{EF}$ klappen:

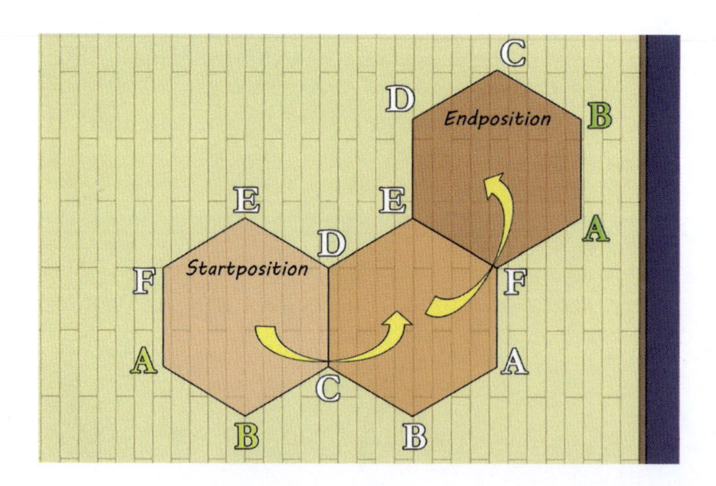

Die anderen beiden Antwortmöglichkeiten c) und d) sind damit falsch. Da Antwortmöglichkeit b) bereits richtig ist, musst du auch nichts mehr überprüfen.

Mathematische Exkursion

Wenn du dir die Platte als ein ideales, zweidimensionales Sechseck vorstellst, kannst du das Umklappen der Platte auch als Spiegeln an einer Achse verstehen. Die Spiegelachse ist die Kante, über die das Sechseck „geklappt" wird. Wenn du das Umklappen wie im Bild zweimal durchführst, liegt die Platte wieder mit der gleichen Seite nach oben. Sie ist quasi nur gedreht worden, hat also eine andere Ausrichtung. So kannst du dir den Zusammenhang zwischen Drehungen und Achsenspiegelungen deutlich machen: Zwei nacheinander ausgeführte Achsenspiegelungen bewirken dasselbe wie eine einzige Drehung. Einmal Klappen oder Spiegeln an einer Achse ändert die Orientierung (oben und unten tauschen), zweimal Klappen oder Spiegeln an einer Achse stellen die ursprüngliche Orientierung wieder her (oben und unten sind wieder wie zu Beginn). Dreimal Klappen oder Spiegeln an einer Achse ändern wieder die Orientierung usw. Bei einer Drehung wird die Orientierung grundsätzlich nicht geändert. Diese und ähnliche Zusammenhänge werden in der Mathematik in der *Gruppentheorie* untersucht.

Eine *Gruppe* ist eine Menge von Elementen mit einer *Verknüpfung*, die gewisse, sinnvoll gewählte Anforderungen erfüllt. Die Verknüpfung ist eine Rechenvorschrift (allgemein auch *Operation* genannt), bei der zwei Elemente aus einer Menge zu einem neuen Element verknüpft werden, das auch wieder in der Menge liegen muss. Bekannte Beispiele für Verknüpfungen sind:

1. die Addition der ganzen Zahlen, z. B. $-5 + 9 = 4$ und
2. die Multiplikation der rationalen Zahlen, z. B. $5 \cdot \frac{3}{10} = \frac{3}{2}$

Man kann zeigen, dass die Drehungen und Achsenspiegelungen eines regelmäßigen Sechsecks, bei denen Ecken auf Ecken gedreht und gespiegelt werden, zusammen mit der Verknüpfung „*Hintereinanderausführung*" auch eine Gruppe bilden.

Konkret heißt das Folgendes: Wenn du nach einer Drehung noch eine Drehung ausführst, ist das so gut wie nur eine Drehung um dasselbe oder ein anderes *Drehzentrum*. Wenn du aber nach einer Drehung eine Achsenspiegelung oder nach einer Achsenspiegelung eine Drehung ausführst, ist das genauso, als würdest du nur eine Spiegelung über eine andere Achse ausführen. Und, wie in der Lösung gesehen, kannst du eine Drehung durch die Hintereinanderausführung von zwei Achsenspiegelungen ersetzen und andersherum zwei hintereinander ausgeführte Achsenspiegelungen durch eine Drehung. Das kannst du selbst im Kopf oder mit konkreten Objekten ausprobieren.

Zum Weiterdenken

a) Die Wichtel könnten auch zuerst über die Kante $\overline{DE}$ klappen. Wie müssten sie weiter vorgehen, um die richtige Endposition zu erreichen?

b) Findest du noch andere (eventuell längere) Wege, mit der die richtige Endposition erreicht werden kann? (Tipp: Du kannst dir ein Sechseck ausschneiden, die Ecken markieren und es damit ausprobieren.)

c) Wenn du das zweimalige Umklappen der Platte im Lösungsbild als Drehung verstehen kannst, dann muss es ein Drehzentrum geben, um das die Platte gedreht wird. Wo liegt es? Ist die Lage eindeutig bestimmbar? Ist sie eindeutig bestimmbar, wenn du anstatt der Platte mit dem Schriftzug ein abstraktes regelmäßiges Sechseck betrachtest?

d) Kannst du die gewünschte Position in der Aufgabe auch durch häufigeres Umklappen, also mehrfaches Spiegeln an verschiedenen Achsen, erreichen? Kannst du dabei Muster erkennen?

e) Könntest du die gewünschte Position auch durch einmaliges Umklappen bzw. Spiegeln an einer Achse erreichen, wenn es egal ist, ob ein Schriftzug lesbar ist (z. B. wenn die Kante $\overline{AB}$ nur eine bestimmte Farbe hat)? Wie verhält es sich bei einem idealen, zweidimensionalen Sechseck, das du nicht nur über eine Kante „klappen", sondern an einer ganz beliebigen Achse spiegeln kannst?

f) Im letzten Absatz der mathematischen Exkursion wird beschrieben, wie die Hintereinanderausführung von einer Achsenspiegelung und einer Drehung von einem regelmäßigen Sechseck, welche Ecken auf Ecken abbildet, durch eine einzige Achsenspiegelung oder Drehung ersetzt werden kann. Geht das auch bei anderen regelmäßigen Figuren oder sogar bei beliebigen Figuren?

g) Wie verhält es sich, wenn du das Sechseck statt des Umklappens über eine Kante bzw. Spiegeln an einer Achse an einem Punkt, z. B. der Ecke spiegelst?

Glück auf Knopfdruck

Antwortmöglichkeit a) ist richtig: Aufgrund der bisherigen Ergebnisse ist die „3“ am wahrscheinlichsten. Trotzdem kann Balduin nicht wissen, was passiert.

Du weißt über den Automaten recht wenig und kennst lediglich die Ergebnisse aus Balduins Beobachtung. Er hat 50 Durchgänge beobachtet und die Ergebnisse festgehalten.

Es ist auffällig, dass die „3“ besonders oft angezeigt wurde, immerhin bei 28 von 50 Durchgängen - das sind mehr als die Hälfte aller Durchgänge. Die „3“ ist also - zumindest in der Stichprobe der letzten 50 Durchgänge - die absolut häufigste Zahl, die vorkommt. Die Zählung der *Häufigkeiten* der „1“, „2“ und „3“ ist die einzige sinnvolle Grundlage für deine (und auch Balduins) Entscheidung.

Die Reihenfolge, wie die Zahlen hintereinander auftauchen, spielt überhaupt keine Rolle. Jeder Durchgang am Automaten ist unabhängig von dem davor, ein Ausgang hängt also nicht von dem Vorergebnis oder dem Vor-Vorergebnis ab. Du weißt das aus der Beobachtung, dass Balduin kein Muster in den Ergebnissen erkennen kann.

Balduin kann deshalb nur davon ausgehen, dass die „3“ auch weiterhin am häufigsten kommt. Sicher kann er sich jedoch nicht sein, denn es gibt auch eine Chance, dass die „1“ oder die „2“ angezeigt werden. Insofern kann nur die Antwortmöglichkeit a) richtig sein: Aufgrund der bisherigen Ergebnisse ist die „3“ am wahrscheinlichsten. Trotzdem kann Balduin nicht wissen, was passiert.

Blick über den Tellerrand

Der Teilbereich der Mathematik, der sich mit zufälligen Vorgängen oder auch „Zufallsexperimenten“ beschäftigt, heißt *Stochastik*. Von einem „Experiment“ wird in diesem Zusammenhang gesprochen, weil ein nach festen Vorgaben geplantes Vorgehen unter gleichen Bedingungen beliebig oft wiederholt wird, ohne dass man weiß, wie der nächste Durchgang ausgeht. Mit „Zufall“ ist der Ausgang des Experimentes gemeint und nicht ein zufälliger Prozess. Der Automat aus der Aufgabe führt ein solches Zufallsexperiment durch. Die Stochastik versucht nun, mithilfe von *Wahrscheinlichkeiten* Aussagen über zukünftige Ergebnisse zu treffen. Wichtig dabei ist: Auch mit noch so vielen mathematischen Hilfsmitteln und Durchgängen des Zufallsexperiments ist der

Zufall nicht kontrollierbar. Es bleibt bei der Vorhersage des nächsten Ergebnisses immer eine Unsicherheit.

In der Stochastik werden Vorgänge beschrieben, die passiert sind und daraus Prognosen (Vorhersagen) für die Zukunft gezogen. Dabei wird auch gerechnet und die Ergebnisse werden gut begründet. Das ist zum Beispiel wichtig für die Risikoabschätzung von Versicherungsunternehmen oder Spielcasinos. Sie müssen die Beiträge bzw. Einsätze und Gewinnsummen so kalkulieren, dass sie interessant für die Kunden sind, auf lange Sicht die Einnahmen aber die Ausgaben übersteigen. Wie die einzelnen Zufallsexperimente ausgehen, bleibt trotzdem *unberechenbar*.

Zum Weiterdenken

a) Nimm an, die Ergebnisse des Wendel-O-Maten werden in der Häufigkeit weiter so ausfallen wie von Balduin beobachtet. Wenn du das Wissen über diese Häufigkeiten ausnutzt, kann Wendel dann auf lange Sicht noch Gewinn machen?

b) Informiere dich über die gesetzlichen Vorschriften von Gewinnspielen. Wie viel Prozent der Einsätze muss ausgeschüttet werden? Wie ist es bei Versicherungen? Findest du Vorgaben, wie viel Einnahmen z.B. bei einer Lebensversicherung an den Versicherungsnehmer ausgeschüttet werden müssen?

c) Denke dir selbst ein faires Glücksspiel mit einem Geldeinsatz aus, in dem die Gewinnchance (und auch die Verlustchance) 50% beträgt, du also auf lange Sicht weder Geld verlierst noch gewinnst.

Das Lichterfest

Antwortmöglichkeit b) ist richtig. Chaja kann die sieben Münzen frühestens beim dritten Mal Drehen erhalten.

Spielverlauf mit „Caja dreht einmal“ nicht möglich

Chaja kann es nicht schaffen mit einmal drehen, genau sieben Münzen zu erhalten. Wenn sie nur einmal drehen würde, müssten zu Beginn bereits genau sieben oder 14 Münzen in der Mitte liegen. Es liegen dort aber elf. Diese Überlegung hilft dir aber zu verstehen, was die Voraussetzungen dafür sind, dass Chaja bei einem Mal drehen des Dreidels sieben Münzen erhalten kann. Nachdem Jona gedreht hat (egal in welcher Runde), müssen 7 oder 14 Münzen in der Mitte liegen.

Spielverlauf mit „Caja dreht zweimal“ ebenfalls nicht möglich

Da Chaja beginnt, ändert sich die Anzahl in der Mitte nicht oder sie gibt eine Münze dazu. Würde sie in der ersten Runde alle elf Münzen nehmen können, wäre es in einer weiteren Runde nicht möglich, dass sieben Münzen in der Mitte lägen.

Dann ist Jona am Zug. Er erhält bei noch elf liegenden Münzen in der Mitte entweder nichts, gibt eine Münze hinzu oder nimmt alles. Es bleiben also elf, zwölf oder keine Münzen übrig. Es gibt dann keine Möglichkeit, für Chaja im nächsten Zug sieben Münzen zu bekommen.

Wenn nach Chajas erstem Zug bereits zwölf Münzen in der Mitte liegen, kann Jona daraus zwölf, 13, keine oder die Hälfte, also sechs Münzen machen. Aus keiner dieser Anzahlen ist es für Chaja jedoch möglich, in ihrem zweiten Zug sieben Münzen zu bekommen.

Spielverlauf mit „Caja dreht dreimal“ möglich

Mit drei Spielrunden gibt es viele verschiedene Möglichkeiten, wie Chaja die sieben Münzen erhalten kann. Zwei ausgewählte Spielverläufe werden hier vorgestellt:

1. Möglichkeit:

Chaja dreht „Schin“ und legt eine Münze in die Mitte. → 11 + 1 = 12 Münzen in der Mitte
Jona dreht „He“ und nimmt die Hälfte. → 12 : 2 = 6 Münzen in der Mitte
Chaja dreht „Nun“ und gewinnt oder verliert nichts. → 6 Münzen in der Mitte
Jona dreht „Schin“ und legt eine Münze in die Mitte. → 6 + 1 = 7 Münzen in der Mitte
Chaja dreht „Gimel“ und **nimmt sich alle 7 Münzen**.

2. Möglichkeit:
Chaja dreht „Schin“ und legt eine Münze in die Mitte. → 12 Münzen in der Mitte
Jona dreht „Schin“ und legt eine Münze in die Mitte. → 13 Münzen in der Mitte
Chaja dreht „Schin“ und legt eine Münze in die Mitte. → 14 Münzen in der Mitte
Jona dreht „Nun“ und gewinnt oder verliert nichts. → 14 Münzen in der Mitte
Chaja dreht „He“ und nimmt die Hälfte: **7 Münzen**.

Deshalb muss Chaja *mindestens* dreimal drehen, um in einem Zug genau sieben Münzen zu erhalten.

Blick über den Tellerrand

Das jüdische Lichterfest wird auch Chanukka (sprich: Hanukkah) genannt. Es dauert acht Tage und wird im November/Dezember in den Familien zu Hause gefeiert, so ähnlich wie das Weihnachtsfest, jedoch nicht so groß. Chanukka ist kein religiöses jüdisches Fest, sondern ein historisches. Man spricht deshalb von Halbfeiertagen, weil tagsüber die Erwachsenen zur Arbeit gehen müssen und die Kinder zur Schule.

An den Chanukka-Abenden wird ausgelassen in der Familie und mit Freunden gefeiert. Die Kinder bekommen – je nach Region – nur am ersten Tag oder an jedem der acht Tage kleine Geschenke oder Geld, meistens Münzen. Gegessen werden vor allem in Öl gebackene Speisen wie Krapfen oder Latkes (frittierte Kartoffelpuffer) mit Apfelmus und Sahne und weitere Spezialitäten der jüdischen Küche. Nach Einbruch der Dunkelheit werden die Lichter angezündet, Gebete gesprochen, Chanukka-Geschichten erzählt, Chanukka-Lieder gesungen und auch das Spiel mit dem Dreidel aus dieser Aufgabe gespielt. Die Kinder werden ermutigt, einen Teil des Geldes, welches sie während der Chanukka-Tage geschenkt bekommen haben, für wohltätige Zwecke zu spenden.

Das Chanukka-Fest beginnt am Abend des 24. Kislew, dem dritten Monat des „bürgerlichen“ jüdischen Kalenders und dem neunten Monat des religiösen Kalenders. Die Länge der Monate schwankt zwischen 29 und 30 Tagen und so schwankt auch der Termin des Lichterfestes nach unserem heutigen gregorianischen Kalender: 2013 findet es vom 28.11. bis zum 5.12. statt, 2014 vom 17.12. bis 24.12. und 2015 vom 7.12. bis 14.12.

Und was steckt hinter dem Chanukka-Fest?

Chanukka soll an die wunderbare Errettung Israels und an Gottes Verheißung, dass der zweite Tempel von Jerusalem sich selbst wieder errichten wird, erinnern. Die Zeit der griechischen Herrschaft, unter der die Israeliten sehr leiden mussten, soll in Vergessenheit geraten. Ständig waren damals neue Gebote und Gesetze von den Griechen aufgestellt worden, die den Juden das Leben schwer machten und ihnen sogar verboten, ihre Religion weiter auszuüben. Schließlich beendete der Aufstand der Makkabäer 165 vor Christus (im jüdischen Jahr 3596) diesen Zustand. Ein Jahr danach wurde der Tempel gereinigt, von den griechischen Statuen und Abbildern befreit und schließlich wieder neu geweiht. Daher stammt auch das Wort „Chanukka", was „Neueinweihung" bedeutet.

In diesem Tempel stand ein Leuchter (Chanukkia), der nach der Überlieferung, obwohl er nur Öl für einen Tag in sich trug, auf wundersame Weise acht Tage lang brannte. Heute erinnern daran die acht Lichter des Chanukka-Leuchters, der genau acht Kerzenhalter hat. Jeden Tag wird ein Licht mehr angezündet, so ähnlich wie die Christen es vom Adventskranz kennen. Man spricht deshalb vom Lichterfest.

Zum Weiterdenken

a) Wie oft müsste Chaja mindestens Drehen, wenn Jona beginnen würde?

b) Könnte Chaja jede beliebige Anzahl Münzen mit dreimal Drehen bekommen, wenn anfangs 11 Münzen in der Mitte liegen?

c) Wie oft müsste Chaja mindestens drehen, wenn anfangs anstatt 11 Münzen eine andere Anzahl (z.B. 12, 13 oder 14) in der Mitte liegt? Wird der Spielverlauf von der Anfangssituation beeinflusst?

Der Weihnachtsmann holt die Raute raus

Antwortmöglichkeit d) ist richtig. Raute d) hat den größten Flächeninhalt.

Statt nach dem größten Flächeninhalt zu suchen, kannst du auch umgekehrt die kleinstmögliche Restfläche ermitteln. Die Restflächen der vier Rauten sind im Bild bunt markiert:

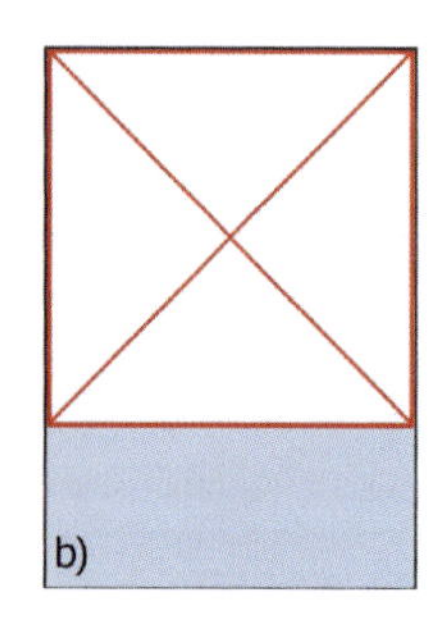

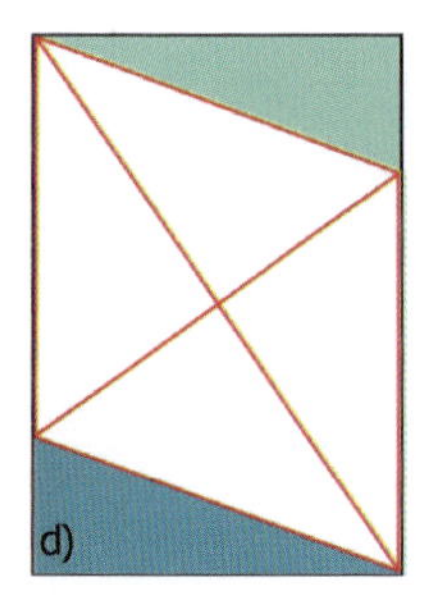

Die Raute c) wurde dabei so vergrößert, dass die Ecken gleichmäßig die Ränder des Blattes berühren. Diese Restflächen sind kleiner als die Restflächen der originalen Raute c). Schiebst du die bunten Flächen geschickt zusammen, so kannst du den Flächeninhalt der Restflächen gut abschätzen. Die Flächeninhalte der Restflächen verändern sich durch das Verschieben nicht.

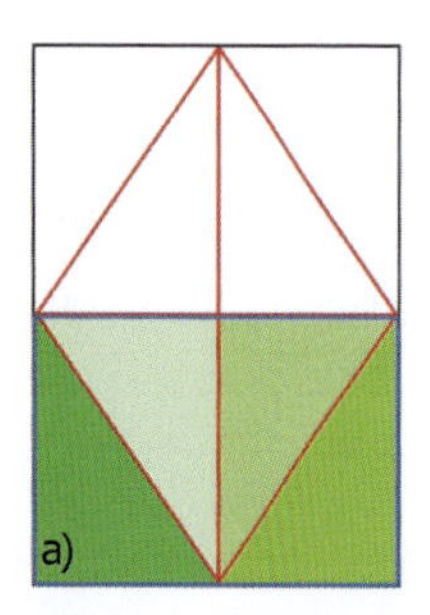

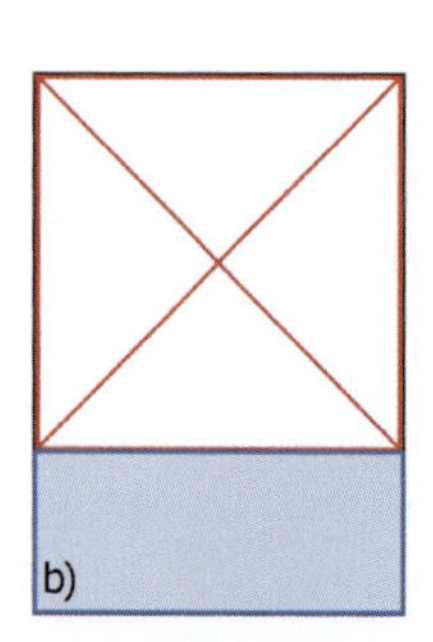

Du kannst erkennen, dass der Inhalt der Restfläche von Raute a) einem halben DIN-A4-Blatt entspricht und auch der in Bild c) fast ein halbes DIN-A4-Blatt beträgt. Die Restflächen der originalen Raute c) sind sogar noch größer. Die Inhalte der Restflächen bei den Rauten b) und d) sind deutlich kleiner. Augenscheinlich ist der Flächeninhalt der Raute bei d) etwas kleiner als bei b). Das kannst du auch begründen:

Die zusammengeschobenen Restflächen der Rauten b) und d) sind jeweils Rechtecke, die gleich breit, aber verschieden hoch sind. Die Breite ist genauso groß wie die Länge der kurzen Seite des DIN-A4-Blattes. Die kurze Seite der beiden Rechtecke berechnest du jeweils so: „Lange DIN-A4-Seite minus Länge der Rautenseite". Die Länge der Rautenseite bestimmt also den Inhalt der Restfläche. Diese musst du etwas genauer anschauen.

Eine Raute hat vier gleich lange Seiten. Raute b) ist ein Spezialfall: Sie ist nämlich ein Quadrat, wobei alle Seiten des Quadrates so lang sind wie die kurze Seite des DIN-A4-Blattes. Die Seitenlänge von Raute d) muss aber länger sein als die kurze Seite des DIN-A4-Blattes, sonst wären oben in der rechten und unten in der linken Ecke keine Dreiecke. In einem rechtwinkligen Dreieck ist die dem rechten Winkel gegenüberliegende Seite immer die längste. Sie wird auch *Hypotenuse* genannt. Wenn du den Satz des Pythagoras schon kennst, kannst du es auch rechnerisch begründen. Das Reststück „Lange DIN-A4-Seite minus Länge der Rautenseite" ist also bei Raute d) kleiner als bei Raute b) und somit ist der Flächeninhalt von Raute d) größer als der von Raute b). Mit Raute d) hast du also die größte Raute gefunden.

Mathematische Exkursion

Eine Raute, manchmal auch Rhombus genannt, ist ein Viereck mit vier gleich langen Seiten. Das heißt, alle Vierecke, die vier gleich lange Seiten haben, sind auch Rauten, wie zum Beispiel das Quadrat. Mehr Anforderungen an die Raute gibt es nicht. Es resultieren daraus aber zwingend bestimmte Eigenschaften: Die gegenüberliegenden Seiten einer Raute sind parallel und die gegenüberliegenden Winkel sind jeweils gleich groß. Eine Raute ist also ein spezielles Parallelogramm mit vier gleichlangen Seiten.

Eine Raute besitzt zwei Diagonalen, die senkrecht zueinander stehen, sich also im rechten Winkel schneiden. Der Schnittpunkt der beiden Diagonalen liegt genau in der Mitte der Raute.

Der Flächeninhalt (abgekürzt: (groß) A für englisch area) einer Raute lässt sich entweder durch $A = a \cdot h_a$ berechnen, wobei h_a die Höhe auf die Seite a ist oder durch:

$A = \frac{1}{2}\, e \cdot f$, wobei e und f die beiden Diagonalen der Raute bezeichnen.

In dieser Aufgabe ist die kurze Seite des Rechtecks gleichzeitig die Höhe h_a der Rauten b) und d).

Maximierst du eines der Produkte $a \cdot h_a$ bzw. $e \cdot f$, so erhältst du den größtmöglichen Flächeninhalt der Raute.

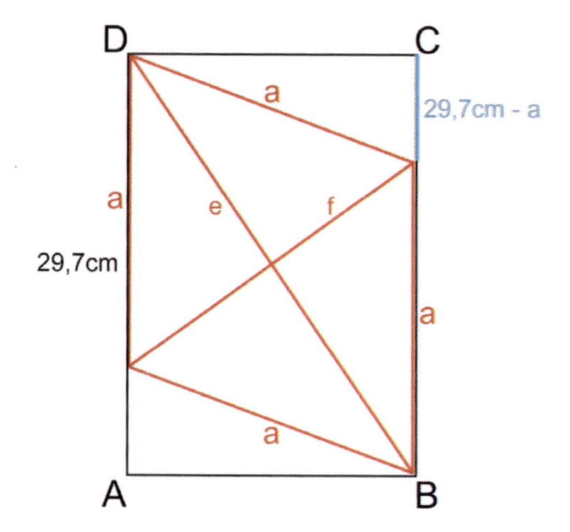

Blick über den Tellerrand

Das DIN-Format ist weltweit verbreitet und nicht nur in Europa das gebräuchlichste Papierformat. Auch in Japan und China wird es heute verwendet. In den USA und Kanada gibt es hingegen noch eine Vielzahl unterschiedlicher Papierformate. Am 18. August 1922 wurde die DIN-Norm 476 „Papierformate" in Deutschland veröffentlicht. Der Schöpfer der jetzigen DIN-Formate war der Berliner Mathematiker und Ingenieur *Walter Prostmann* (1886 – 1959), der von 1912 bis 1914 als Assistent beim Nobelpreisträger *Wilhelm Ostwald* gearbeitet hatte. Prostmann entwickelte Ostwalds Ideen einer einheitlichen Papiergröße erfolgreich weiter. Die DIN-Formate setzten sich durch und das Ziel, das kostbare Gut „Wald" zu schonen und bei der Produktion von Papieren, Umschlägen und Büromöbeln Geld zu sparen, wurde erreicht. Deutschland sparte damals tatsächlich durch die DIN-Formate 2 000 000 Reichsmark jährlich.

Die besonderen Eigenschaften der DIN-Formate sind:

- sie gehen durch Halbieren bzw. Verdoppeln ineinander über,
- sie sind alle einander ähnlich, das heißt das Seitenverhältnis aller DIN-Formate ist gleich und
- das Ausgangsmaß ist ein Quadratmeter.

Wie kam Walter Porstmann nun auf diese DIN-Maße der A-Reihe?

Im Laufe einer langen Geschichte hat sich der größte Teil Europas für den Meter als Standardmaß entschieden. Somit gibt es als Standard auch den Quadratmeter. Dieser Quadratmeter entspricht dem DIN-A0-Format (sprich: „DIN-A-Null"). Es misst 841 mm × 1189 mm. Das ist ein Seitenverhältnis von $1 : \sqrt{2}$ ($\sqrt{2}$ liest man als: „Wurzel 2"). In einem Quadrat mit der Seitenlänge 1 hat die Diagonale die Länge $\sqrt{2}$ (= 1,414213562 ...).

Diese Festlegung scheint auf den ersten Blick sehr willkürlich, doch sie bringt eine sehr praktische Eigenschaft mit sich: Faltest oder schneidest du das DIN-A0-Blatt in der Mitte (parallel zur kurzen Seite), entsteht das halb so große DIN-A1-Blatt. Dieses halbiert ergibt das DIN-A2-Blatt und weiter halbiert das DIN-A3-Format. Halbierst du ein DIN-A3-Blatt, bekommst du ein DIN-A4-Blatt und so weiter ... Wichtig dabei ist, dass das Halbieren immer durch ein Falten (oder Schneiden) parallel zur jeweils kurzen Seite eines DIN-A-Formats passiert. Die entstehenden halbierten Blätter sehen aus wie kleine Kopien der größeren Formate. Man kann auch sagen, dass sie alle zueinander ähnlich sind, denn dieses spezielle Seitenverhältnis ändert sich durch das Halbieren nicht. Es bleibt immer $1 : \sqrt{2}$. Deshalb wurde dieses besondere Seitenverhältnis für die DIN-A-Reihe gewählt.

Der Flächeninhalt eines DIN-A4-Blatts entspricht nun dem vier Mal halbierten Quadratmeter, also die Hälfte der Hälfte der Hälfte der Hälfte eines DIN-A0-Blattes:

$$\frac{1}{2} \cdot \frac{1}{2} \cdot \frac{1}{2} \cdot \frac{1}{2}\ \mathrm{m}^2 = \frac{1}{16}\ \mathrm{m}^2 = \left(\frac{1}{2}\right)^4 \mathrm{m}^2$$

Anders herum bedeutet das, dass 16 DIN-A4-Blätter sind so groß wie ein Quadratmeter. Ein DIN-A5-Blatt ist halb so groß wie ein DIN-A4-Blatt und hat somit einen Flächeninhalt von $\frac{1}{32}\ \mathrm{m}^2$. Ein DIN-A3-Blatt ist hingegen doppelt so groß wie ein DIN-A4-Blatt, sodass dessen Flächeninhalt einem Achtel eines Quadratmeters entspricht.

Zum Weiterdenken

a) Kannst du die Flächeninhalte aller Rauten in dieser Aufgabe auch konkret berechnen? Für Raute d) kann dir die Skizze in der mathematischen Exkursion behilflich sein.

b) Baue dir aus einem DIN-A4-Blatt einen möglichst voluminösen Körper mit quadratischen, rechteckigen, dreieckigen oder anderen Grundflächen (z. B. einen Würfel oder einen Tetraeder). Ein Netz des jeweiligen Körpers kann dir dabei helfen.
Bist du dir sicher, dass du jeweils den größten Körper gefunden hast? Überprüfe es durch Messen und Rechnen.

c) Was könnte der Grund dafür sein, dass die Standard-Papierformate z. B. in Nordamerika andere Abmessungen haben?

Rentiersalat

Antwortmöglichkeit c) ist richtig. Rudolph ist das erste Rentier auf der Liste.

Bei dieser Verschlüsselungstechnik wurden die Buchstaben paarweise ausgetauscht, z. B. wurden das „A“ zum „R“ und das „R“ zum „A“. Dies hat Wichtel Ragna Kasimir verraten. Jeder Buchstabe verschlüsselt demnach einen Buchstabenpartner und wird gleichzeitig durch diesen verschlüsselt. Gehst du den verschlüsselten Text auf der Tafel im Aufgabenbild durch, so findest du diese in der Tabelle grün markierten Buchstabenpartner. Die gelb markierten Buchstabenpaare wurden durch die Regel, dass die Buchstaben immer paarweise vertauscht sind, bestimmt. Mit dieser Tabelle kannst du die Frage fast vollständig entschlüsseln. Nur wenige Buchstaben kannst du nicht zuordnen, weil sie im vorgegebenen Spruch fehlen.

A	B	C	D	E	F	G	H	I	J	K	L	M	N	O	P	Q	R	S	T	U	V	W	X	Y	Z
R	M	W		Y	U	I	P	G				B	Q	T	H	N	A	V	O	F	S	C		E	

Aus dem verschlüsselten Text: „CGY PYGVVO KRV YAVOY AYQOGYA?“ ergibt sich laut des Schlüssels, weil C zu *W* wird, G zu *I*, Y zu *E* das erste Wort *„WIE“* und weil P zu *H*, Y zu *E*, G zu *I*, V zu *S* und O zu *T* das zweite Wort *„HEISST“* usw. Die vollständige „Übersetzung“ der Frage lautet: „WIE HEISST _AS ERSTE RENTIER?“

Die eine verbleibende Lücke lässt sich nur mit sinnvoll mit dem „D“ schließen. Die vollständige Frage lautet also: „WIE HEISST DAS ERSTE RENTIER?“ Mit einem Blick auf Ragnas Liste im Bild siehst du, dass Rudolph das erste Rentier ist. Kasimir weiß das natürlich auch ohne Liste. Deshalb ist Antwort c) richtig.

Mathematische Exkursion

Das Verschlüsselungssystem, mit dem Ragna die Rentiernamen verschlüsselt hat, heißt monoalphabetische Substitution. Dies bedeutet, dass einzelne Buchstaben paarweise vertauscht wurden. Man kann die Buchstaben statt der paarweisen Vertauschung auch im Dreierzyklus (oder in längeren Zyklen) vertauschen, sodass z. B. „A“ zu „D“, „D“ zu „T“ und „T“ wieder zu „A“ wird. Man kann die Buchstaben auch beliebig (ohne Zyklus) vertauschen. Das macht das Entschlüsseln schon viel schwerer.

Blick über den Tellerrand

Maria Stuart (1542–1587) war eine schottische Königin und gehörte zu den bedeutendsten Personen des 16. Jahrhunderts. Ihr Leben – oder besser ihr Todesurteil – hing jedoch von einer verschlüsselten Botschaft ab. Kurz nach ihrer Geburt starb ihr Vater und so wurde sie bereits im Alter von sechs Tagen Königin von Schottland und Anwärterin auf den englischen Thron. Zu dieser Zeit waren die Beziehungen zwischen England und Schottland sehr angespannt und die katholisch erzogene Maria trug als Erwachsene dazu bei, dass sie sich weiter verschlechterten. Die Königin von England war ihre protestantische Tante zweiten Grades, *Elisabeth Tudor (Elisabeth I.)*. Da diese nach katholischem Recht aber unehelich geboren wurde, sah sich Maria als die legitime Erbin der englischen Krone. Sie weigerte sich um jeden Preis, den *Vertrag von Edinburgh* zu unterzeichnen, der das alte Bündnis zwischen Schottland und Frankreich auflöste und Elisabeths Herrschaft über England anerkannte.

Die damalige Adelsschicht war vom Kampf um die Macht geprägt. Dieser wurde kompromisslos mithilfe von Intrigen und Verrat geführt. So musste Maria Stuart aufgrund ihrer Verwicklung in die Ermordung ihres Gemahls *Lord Darnley* bereits mit 24 Jahren abdanken und sich in Gefangenschaft begeben. Sie konnte kurze Zeit später nach England fliehen und bat Elisabeth, ihr dabei zu helfen, auf den schottischen Thron zurückzukehren. Da Maria sich aber weiter weigerte, den Vertrag von Edinburgh zu unterzeichnen, veranlasste Elisabeth I. einen politisch motivierten Prozess, der Marias Mitschuld an der Ermordung ihres Ehemanns klären sollte. Dieser endete nach den Wünschen Elisabeths mit einer weiteren Gefangenschaft Marias in unterschiedlichen Schlössern Englands.

Im Jahr 1586 war Maria Stuart bereits 18 Jahre in Gefangenschaft und der Verzweiflung nahe, als wieder Hoffnung für sie aufkam. *Anthony Babington* und andere katholische Höflinge wollten Elisabeths Herrschaft beenden und sie Maria Stuart übertragen. Sie schmiedeten einen Plan, der vorsah, Maria zu befreien und Elisabeth I. umzubringen. Dazu schmuggelte der Mitverschwörer *Gilbert Gifford* Briefe in Bierfässern in das Schloss Chartley, in dem Maria zu dieser Zeit gefangen war. Unter anderem überbrachte er einen Brief, dessen Inhalt hochbrisant war. Er beschrieb zweifellos die Ermordung Elisabeths.

Babington war allerdings sehr vorsichtig und verschlüsselte den Brief vorher. Dazu benutzte er einen Nomenklator. Das ist ein Verschlüsselungssystem, das auf einem verschlüsselten Alphabet, einer Anzahl von Codewörtern (für häufige und wichtige

Worte oder Namen), dazu einer Verschlüsselung für Zahlen sowie verwirrenden Worten und Zeichen ohne Bedeutung (Blender) beruht. Babington und Maria Stuart benutzten eine Kombination aus 23 Symbolen für die Buchstaben des Alphabets und 36 Symbolen für ganze Wörter oder Sätze.

Gilbert Gifford war allerdings ein Doppelagent und leitete die Briefe durch die Hände des Sicherheitsministers von Elisabeth. Dieser ließ sie abschreiben und von einem Geheimsekretär entschlüsseln. Die Entschlüsselung gelang ohne Kenntnis des Codes mithilfe der Häufigkeitsanalyse. Sie untersuchte, wie häufig bestimmte Buchstaben und Wörter in der englischen Sprache vorkamen. Dies wurde dann mit der Häufigkeit der verschiedenen Symbole im Brief verglichen und so wurde der Brief Stück für Stück entschlüsselt. Marias Antwort, in der sie der Verschwörung um ihre Befreiung zustimmte, wurde ebenfalls abgefangen und entschlüsselt, womit sie praktisch ihr eigenes Todesurteil unterschrieb.

Maria Stuart, Babington und eine Reihe weiterer Verschwörer wurden schnell verurteilt und hingerichtet. Beide hatten darauf vertraut, dass ihre Pläne mit ihrer Geheimschrift verborgen blieben. Hätte Babington eine sicherere Verschlüsselung benutzt, hätte diese Geschichte auch ganz anders ausgehen können.

Im Laufe der Geschichte gab es auch noch einige andere bedeutsame Wendungen, als geheime Botschaften entschlüsselt wurden. Zum Beispiel half der englische Computerpionier *Alan Turing* im zweiten Weltkrieg, die Verschlüsselungsmaschine ENIGMA der deutschen Wehrmacht zu entziffern. Dadurch konnten die Alliierten frühzeitig die deutschen Funksprüche abhören und sich einen strategischen Vorteil verschaffen, der den Gewinn des Krieges sehr erleichterte.

Heutzutage werden viele Webseiten mit persönlichem Datenaustausch, zum Beispiel beim Online-Banking, verschlüsselt. Auch E-Mails können verschlüsselt verschickt werden. Dafür entwickeln *Kryptoanalytiker_innen*, also Menschen, die Spezialisten im Ver- und Entschlüsseln von geheimen Nachrichten sind, immer neue Verschlüsselungsmethoden. Sie lernen aus den entschlüsselten Nachrichten der Vergangenheit und versuchen immer sicherere Schlüssel zu finden. In der heutigen Praxis werden dazu häufig sehr große Primzahlen genommen, die miteinander multipliziert werden. Selbst ein moderner Computer kann bisher die Primfaktoren nicht in angemessener Zeit finden.

Zum Weiterdenken

a) Die Caesar-Verschlüsselung ist ein System, bei dem jeder Buchstabe mit dem Buchstaben, der sich im Alphabet drei Stellen weiter befindet, verschlüsselt wird. Entwirf einen Text mit dieser Verschlüsselung.

b) Entwickle eigene Verschlüsselungsmethoden und verschlüssele damit einen Text. Was ist ein sicheres Verschlüsselungssystem, was kann leicht entziffert werden? Diese Aufgaben lassen sich besonders gut zu zweit oder mit mehreren Freunden oder Familienmitgliedern bearbeiten.

c) Du findest hier einen verschlüsselten Text zum Entschlüsseln. Du kannst gleich anfangen oder nach unten springen und zuerst den Tipp lesen.

Hier der verschlüsselte Text:
„FhqUfszracnfzzfcnqtzzpzgfjydzqnsyhfKnrazgdkfqufsgdnzraghzgqhragzhrafs.
FzvdqqjhgfhqfsAdfnmhtvfhgzdqdcpzftfvqdrvgbfsyfq.
ZraxqkfzzfsbdfsffhqfUfszracnfzzfcnqt, kfhyfsofyfsKnrazgdkf,
ofqdraExzhghxqhjXshthqdcgfig, dqyfszufszracnfzzfcgbhsy.
FhqKfhzehfcmnfsfhqfzxcrafUfszracnfzzfcnqthzgyhfUhtfqfsfUfszracnfzzfcnqt.
KfhhasufsfhqkdsgjdquxsafsfhqRxyfbxsg,
bfcrafzydqqwnsUfszracnfzzfcnqtkfqngwgbhsy.
YhfUhtfqfsfUfszracnfzzfcnqthzgkfwnftchrafhqfsvcdzzhzrafqAdfnmhtvfhgzdqd
cpzfzhrafs."

Tipp: Die Buchstaben wurden dabei paarweise vertauscht, wobei Umlaute, wie zum Beispiel das „ü" als „ue" geschrieben sind. Die Groß- und Kleinschreibung ist korrekt. Die Lücken zwischen den Wörtern wurden weggelassen. Beim Entschlüsseln hilft es dir, wenn du die übliche Verteilung der Buchstaben in der deutschen Sprache kennst: Der Buchstabe „e" kommt in deutschsprachigen Texten mit Abstand am häufigsten vor (17,40 %). Dies ist auch hier im Originaltext so. Danach kommen die Buchstaben „n" (9,78 %) und „i" (7,55 %). In unserem Beispieltext unten hat das „s", welches eigentlich mit 7,27 % auf Platz 4 steht, dem „n" den Rang abgelaufen, das „i" steht aber auch hier auf Platz 3. Die Buchstabenverteilung hängt natürlich auch von der Region, Mundart oder dem Dialekt ab. Mit einem Textverarbeitungsprogramm kannst du ganz leicht die Häufigkeit eines Buchstabens in einem Text zählen lassen. Suche einfach nach dem Buchstaben und das Programm zeigt dir an, wie oft es den Buchstaben gefunden hat.

Wichtelnde Wichtel

Antwortmöglichkeit d) ist richtig: Im schlimmsten Fall werden 840 Wichtel eingeladen.

Sinnvoll ist es, zuerst eine Sprachregelung für die Erklärung der Lösung zu finden: Der „günstigste Fall" bezeichnet den Fall, der die *wenigsten* Einladungen erzeugt. Der „schlimmste Fall" ist der Fall, der die *größte Anzahl* an Einladungen erzeugt.

Antwortmöglichkeit a) kann nicht stimmen

Da Frodo nicht weiß, wie viele Freunde alle seine Freunde haben und ob sich die Freundeskreise überschneiden, ist eine „genau"-Aussage überhaupt nicht zu begründen. Ein Gegenbeispiel reicht, um a) als falsch zu entlarven. Zwei Gegenbeispiele findest du in den nächsten Absätzen.

Antwortmöglichkeit b) kann auch nicht stimmen

Du kannst dir überlegen, dass 60 keine *kleinste Untergrenze* für die Einladungen ist: Angenommen, alle 21 Freunde, die Frodo auf Wichtelbook hat, sind auch untereinander befreundet. Dann hat jeder von ihnen Frodo plus die 20 anderen Freunde von Frodo zum Freund. Diese haben alle schon Einladungen erhalten. Frodo braucht selbst keine Einladung. Das macht zu diesem Zeitpunkt 21 verschickte Einladungen.

Dazu kommt die Information aus dem Text, dass alle 21 Freunde von Frodo mehr Freunde haben als Frodo selbst. Sie haben also mindestens einen mehr, d. h. mindestens 22 Freunde. Im letzten Absatz kannst du sehen, dass sie alle schon dieselben 21 Freunde haben. Es fehlt jedem also nur ein Wichtel, um die Bedingung der 22 Freunde zu erfüllen. Im günstigsten Fall ist dieser 22. Wichtel mit allen 21 Freunden befreundet, aber nicht mit Frodo. Dann gibt es nur eine weitere Einladung.

Insgesamt würden in diesem Fall nur 21 + 1 = 22 Einladungen verschickt werden. Das ist die unterste Grenze an Einladungen, die mit diesen Einstellungen bei Wichtelbook verschickt würden.

Antwortmöglichkeit c) ist auch falsch

In den bisherigen Überlegungen konntest du erkennen, dass es im günstigsten Fall sein könnte, dass nur 22 Einladungen verschickt werden. Das sind wesentlich weniger als 780.

Antwortmöglichkeit d) ist eine richtige Aussage

Hier wird lediglich behauptet, was im schlimmsten Fall passieren könnte. Diese obere Grenze macht Sinn, da es bei Wichtelbook nach Holgars Aussage eine Obergrenze für die Anzahl der Freunde gibt. Jeder Wichtel darf höchstens 40 Freunde haben. Wenn du nun vom „schlimmsten" Fall ausgehst, hat jeder von Frodos Freunden 40 Freunde, die sich untereinander nicht kennen. Einer dieser 40 Freunde ist Frodo selbst. Es können also jeweils maximal noch 39 neue Freunde sein. Im „schlimmsten" Fall überschneiden sich diese 21 Freundeskreise (bis auf Frodo selbst) nicht, sodass dann zusätzlich zu den 21 Freunden von Frodo noch weitere 21 · 39 = 819 Wichtel eingeladen werden. Das macht insgesamt 21 + 819 = 840 Wichtel. Wie gesagt: Das wäre der Extremfall. Mehr können es nicht sein. Daher ist diese „höchstens"-Aussage richtig. Frodo sollte also die Einstellungen bei Wichtelbook sorgfältig auswählen und die Freunde der Freunde lieber nicht einladen.

Mathematische Exkursion

Man kann die Freundeslisten von Frodo und seinen Freunden jeweils als Mengen betrachten. Mengen sind etwas Grundlegendes in der Mathematik. In den 1970er-Jahren wurde die sogenannte Mengenlehre für so wichtig gehalten, dass sie bereits in der Grundschule unterrichtet wurde. Als Erfinder der Mengenlehre gilt *Georg Cantor* (1874 - 1897). Cantor war übrigens 1890 der erste Vorsitzende der Deutschen Mathematiker-Vereinigung.

Was gehört zur Mengenlehre?

Zum einen gibt es die Menge selbst, zu der bestimmte Elemente gehören. Dies können z. B. Zahlen sein, wie bei der Menge der natürlichen Zahlen $\mathbb{N} = \{0, 1, 2, 3, ...\}$. In einer Menge können aber auch Gegenstände sein, z. B. Teller, Tassen, Untertassen usw. oder auch Personen. Mathematisch werden diese Elemente möglichst sinnvoll bezeichnet und in geschweifte Klammern geschrieben, wie oben bei den natürlichen Zahlen. In welcher Reihenfolge die Elemente in der geschweiften Klammer stehen, ist nicht wichtig.

Du kannst nun die Menge der Freunde von Frodo bilden:

Frodos Freunde bei Wichtelbook = $\{F_1, F_2, F_3, ... F_{20}, F_{21}\}$, wobei $F_1, F_2, F_3, ... F_{20}, F_{21}$ die 21 Freunde von Frodo sind, die er zum Wichteln einladen will. Die *Mächtigkeit* dieser Menge, also die Anzahl ihrer Elemente, ist 21. Die mathematische Kurzschreibweise für die Angabe der Mächtigkeit sind zwei senkrechte Striche (wie die Betragsstriche) vor und hinter der Menge:

| *Frodos Freunde bei Wichtelbook* | = 21

Verschiedene Mengen kannst du nun miteinander vergleichen. Du kannst sie *vereinigen* (alle Elemente in einer neuen Menge zusammenfassen) oder miteinander *schneiden* (nur die gemeinsamen Elemente in einer neuen Menge zusammenfassen). Die Mächtigkeiten dieser neuen *Vereinigungs-* und *Schnittmengen* sagt schon viel darüber aus, wie sehr die Mengen zusammengehören.

Du kannst dir das für die verschiedenen Freundeskreise in dieser Aufgabe anschauen:

Zunächst kannst du den Fall mit den **wenigsten Einladungen** betrachten. In diesem Fall sind alle der 21 Freunde von Frodo auch untereinander befreundet. All diese haben, da sie ja mehr Freunde als Frodo haben müssen, noch einen weiteren gemeinsamen Freund K (für Kumpel). Exemplarisch für alle Freunde F_1, F_2, F_3, ... F_{20}, F_{21} kannst du nun die Menge der Freunde von Frodos ersten beiden Freunden F_1 und F_2 betrachten:

Menge der Freunde von F_1 = {*Frodo*, F_2, F_3, ... F_{20}, F_{21}, *K*}
| *Menge der Freunde von* F_1 | = 22

Menge der Freunde von F_2 = { F_1, *Frodo*, F_3, ... F_{20}, F_{21}, *K*}
| *Menge der Freunde von* F_2 | = 22

Die Mächtigkeit beider Freundesmengen von Frodo ist 22. Die Schnittmenge dieser beiden Mengen ist {*Frodo*, F_3, ... F_{20}, F_{21}, *K*}. Ihre Mächtigkeit ist 21, das heißt, dass sie 21 gemeinsame Freunde haben. Der Kumpel K ist sowohl Freund von F_1, wie auch von F_2. Sie selbst können nicht dazu gehören, deshalb ist diese Schnittmenge die größtmögliche. So werden die wenigsten Einladungen erzeugt. Baust du auch die anderen Freundeskreise von Frodo nach dem gleichen Muster auf, ist die gesamte Zahl an Einladungen am geringsten. Frodo und der Kumpel K befinden sich dann in allen 21 Freundeskreisen von Frodos Freunden. Hier noch die letzte Freundesmenge des 21. Freundes von Frodo:

Menge der Freunde von F_{21} = { F_1, F_2, F_3, ... F_{20}, *Frodo*, *K*}

Vereinigst du nun Frodos Freundeskreis mit den 21 Freundeskreisen seiner Freunde, erhältst du folgende Menge (das Vereinigungssymbol ∪ symbolisiert einen Topf, in den alles hineingelegt wird; mehrfach vorkommende Elemente werden nur einmal aufgezählt):

Frodos Freunde ∪ *Menge der Freunde von* F_1 ∪ ... ∪ *Menge der Freunde von* F_{21}

$= \{F_1, F_2, F_3, \dots F_{20}, F_{21}\} \cup \{Frodo, F_2, F_3, \dots F_{20}, F_{21}, K\} \cup \dots \cup \{Frodo, F_1, F_2, F_3, \dots F_{20}, K\}$

$= \{Frodo, F_1, F_2, F_3, \dots F_{20}, F_{21}, K\}$

Die Mächtigkeit dieser Vereinigungsmenge von Frodos Freunden und den Freunden von Frodos Freunden ist 23, inklusive Frodo. Deshalb müssen 23 - 1 = 22 Einladungen im günstigsten Fall verschickt werden.

Für die Abschätzung der **Obergrenze** in Antwortmöglichkeit d) kannst du annehmen, dass alle Freunde von Frodo die Maximalzahl von 40 Freunden haben - Frodo selbst und 39 „andere". Im ungünstigsten Fall sind alle 21 Freunde von Frodo nicht untereinander befreundet und auch die jeweils 39 „anderen" Freunde haben keine gemeinsamen Freunde. Die Schnittmenge der 21 Freundeskreise von Frodos Freunden ist damit einfach nur {*Frodo*}, enthält also nur ein einziges Element! Du kannst dann die Freundesmengen von Frodos Freunden so bezeichnen:

Menge der Freunde von $F_1 = \{Frodo, F_1K_1, F_1K_2, \dots F_1K_{37}, F_1K_{38}, F_1K_{39}\}$

Menge der Freunde von $F_2 = \{Frodo, F_2K_1, F_2K_2, \dots F_2K_{37}, F_2K_{38}, F_2K_{39}\}$

Menge der Freunde von $F_3 = \{Frodo, F_3K_1, F_3K_2, \dots F_3K_{37}, F_3K3_8, F_3K_{39}\}$

...

Menge der Freunde von $F_{21} = \{Frodo, F_{21}K_1, F_{21}K_2, \dots F_{21}K_{37}, F_{21}K_{38}, F_{21}K_{39}\}$

Dabei bezeichnet F_1K_1 den ersten Kumpel vom Freund F_1 und z. B. F_3K_{37} den 37. Kumpel vom Freund F_3 usw. Diese Kumpel sind alle nicht miteinander befreundet. Vereinigst du jetzt Frodos Freundeskreis mit den 21 Freundeskreisen seiner Freunde erhältst du folgende (sehr große) Menge:

$= \{F_1, F_2, F_3, \dots F_{20}, F_{21}\} \cup \{Frodo, F_1K_1, F_1K_2, \dots F_1K_{37}, F_1K_{38}, F_1K_{39}\} \cup \{Frodo, F_2K_1, F_2K_2, \dots F_2K_{37}, F_2K_{38}, F_2K_{39}\} \cup \{Frodo, F_3K_1, F_3K_2, \dots F_3K_{37}, F_3K_{38}, F_3K_{39}\} \cup \dots \cup \{Frodo, F_{21}K_1, F_{21}K_2, \dots F_{21}K_{37}, F_{21}K_{38}, F_{21}K_{39}\}$

$= \{Frodo, F_1, F_2, F_3, \ldots F_{20}, F_{21}, F_1K_1, F_1K_2, \ldots F_1K_{37}, F_1K_{38}, F_1K_{39}, F_2K_1, F_2K_2, \ldots F_2K_{37},$
$F_2K_{38}, F_2K_{39}, F_3K_1, F_3K_2, \ldots F_3K_{37}, F_3K_{38}, F_3K_{39}, F_3K_1, F_3K_2, \ldots F_3K_{37}, F_3K_{38}, F_3K_{39}, \ldots,$
$F_{21}K_1, F_{21}K_2, \ldots F_{21}K_{37}, F_{21}K_{38}, F_{21}K_{39}\}$

$= \{Frodo, F_1, F_2, F_3, \ldots F_{20}, F_{21}, F_1K_1, F_1K_2, \ldots F_1K_{37}, F_1K_{38}, F_1K_{39}, F_2K_1, F_2K_2, \ldots F_2K_{37},$
$F_2K_{38}, F_2K_{39}, F_3K_1, F_3K_2, \ldots F_3K_{37}, F_3K_{38}, F_3K_{39}, F_3K_1, F_3K_2, \ldots F_3K_{37}, F_3K_{38}, F_3K_{39}, \ldots,$
$F_{21}K_1, F_{21}K_2, \ldots F_{21}K_{37}, F_{21}K_{38}, F_{21}K_{39}\}$

Schaust du genau hin, stehen in dieser Vereinigungsmenge

- Frodo
- die 21 Freunde von Frodo
- die 39 „anderen“ Freunde vom ersten Freund von Frodo
- die 39 „anderen“ Freunde vom zweiten Freund von Frodo
- die 39 „anderen“ Freunde vom dritten Freund von Frodo
- ...
- die 39 „anderen“ Freunde vom 21. Freund von Frodo

Insgesamt hat die Menge also eine Mächtigkeit von:

$1 + 21 + 21 \cdot 39 = 1 + 21 + 819 = 841$

Hätte also jeder von Frodos Freunden die maximale Anzahl von 40 Freunden und wären sie alle nicht untereinander befreundet, dann würde Frodo ohne sich selbst (denn er muss sich nicht selbst einladen) maximal 840 Wichtel einladen.

Du siehst also, dass die Mathematik hier als ein Werkzeug benutzt werden kann, um die eventuell etwas verwirrenden Überlegungen aus der Lösungsbeschreibung auf einer rein formalen Ebene zu lösen. Mit etwas mehr Erfahrung und Wissen über Mengenlehre kannst du das noch übersichtlicher aufschreiben und die verwendeten Zeichen und Beschriftungen schneller verstehen. Auch die Erklärungen kannst du dir dann ersparen und die Lösung wird kürzer und strukturierter.

Du kannst diese Mengen, Vereinigungen und Schnitte auch im Kopf erstellen und durchdenken. Auch das hilft dir schon, deine Überlegungen strukturierter durchzuführen. Das formale Ergebnis musst du zum Schluss noch, wie im vorletzten Absatz geschehen, wieder in den ursprünglichen Zusammenhang zurückübersetzen. Du kannst auch immer wieder Zwischenergebnisse zurückübersetzen. Damit kannst du überprüfen, ob du noch auf dem richtigen Weg bist.

Von diesen Werkzeugen gibt es in der Mathematik eine ganze Reihe. Viele von ihnen kannst du auch im Alltag, in der Schule oder auch später im Beruf einsetzen, wenn du dir das vorliegende Problem abstrakt vorstellen und mathematisch formalisieren kannst. Das ist häufig Übungssache und braucht etwas Erfahrung, aber diese Werkzeuge machen die Mathematik in komplexen Situationen sehr nützlich und wichtig.

Zum Weiterdenken

Angenommen, du möchtest Geburtstagseinladungen über Facebook verschicken und hättest dort 100 Freunde. Dabei hat jeder von ihnen wieder 100 Freunde, von denen sich bei Vereinigung aller Freundeskreise höchstens die Hälfte überschneiden. Du stellst die Einladung nicht öffentlich, erlaubst aber, dass die Freunde deiner Freunde diese Einladung sehen. Wie viele Menschen würdest du dann theoretisch zu deiner Geburtstagsparty einladen?

Antwortmöglichkeit a) ist richtig. Das Ikosaeder ist der äußere Körper, der zerbrochen ist.

Im Bild kannst du sehen, wie das Dodekaeder im Ikosaeder einbeschrieben ist. Die Ecken des inneren Dodekaeders sind dabei die Mittelpunkte der Seitenflächen des äußeren Ikosaeders.

Mathematische Exkursion

In dieser Aufgabe gibt es drei verschiedene Sorten von geometrischen Körpern: *platonische*, *archimedische* und *catalanische Körper*.

Platonische Körper sind aus nur einem regelmäßigen *n-Eck* aufgebaut. Ein n-Eck (mit einer beliebigen Anzahl n an Ecken) heißt regelmäßig, wenn alle Seiten gleich lang sind und alle Innenwinkel gleich groß. Es gibt genau fünf verschiedene platonische Körper: *Tetraeder*, *Hexaeder* (auch Würfel genannt), *Oktaeder*, *Dodekaeder* und *Ikosaeder*. Die Namen der platonischen Körper leiten sich aus dem Griechischen ab und geben die Anzahl der Flächen an, aus denen der Körper zusammengesetzt ist. So heißt Tetraeder übersetzt „Vierflächner", Hexaeder heißt „Sechsflächner" (das ist der klassische Würfel), Oktaeder bedeutet „Achtflächner", Dodekaeder „Zwölfflächner" und ein Ikosaeder ist ein „Zwanzigflächner". „Eder" kommt aus dem griechischen und heißt „Fläche" und „poly" ist griechisch für „mehr" oder „viel". Deshalb werden die geometrischen Körper auch *Polyeder* oder Vielflächner genannt.

Johannes Kepler (1571–1630) war in seinen frühen Schriften der Meinung, dass die Planetenbahnen auf Kugelschalen um platonische Körper liegen, in deren Zentrum die Sonne ruht. Zur Demonstration konstruierte er ein Planetarium. Später wurden aber Fehler in den daraus resultierenden Umlaufbahnen entdeckt. Er musste sein Modell ausbessern und es schließlich verwerfen.

Geometrische Körper wie das *Kuboktaeder* und das *Rhombenkuboktaeder* aus dieser Aufgabe bestehen aus mehreren regelmäßigen n-Ecken. Man nennt sie *archimedische Körper*. Sowohl das Kuboktaeder als auch das Rhombenkuboktaeder bestehen aus gleichseitigen Dreiecken und Quadraten.

Das *Rhombendodekaeder* besteht aus einem unregelmäßigen Viereck, einem Rhombus (auch Raute oder umgangssprachlich „Salmi" genannt). Rhomben haben gleichlange Seiten, aber nur die sich gegenüberliegenden Winkel sind gleich groß. Ein solcher Körper, der nur mit einer kongruenten, unregelmäßigen Fläche aufgebaut ist, wird nach dem belgischen Mathematiker *Eugène Charles Catalan* (1814–1894) *catalanischer Körper* genannt.

Körper, die auf eine Weise, wie sie in dieser Aufgabe beschrieben wurde, in einen anderen Körper einbeschrieben sind, nennt man *Dualkörper* oder *duale Polyeder*. Die Ecken des Dualkörpers stoßen dabei an die Mittelpunkte der Seitenflächen des umhüllenden Körpers (Hüllkörpers). Das Dodekaeder ist – wie im Bild zu sehen – der Dualkörper vom Ikosaeder. Ebenso sieht man in den Pokalen vom Parallel-Riesen-Slalom und vom Weitsprung, dass das Oktaeder der Dualkörper vom Würfel (Hexaeder) ist. Dies gilt auch umgekehrt. Catalanische Körper verhalten sich dual zu den archimedischen Körpern.

Zum Weiterdenken

a) In der „mathematischen Exkursion" wurden fünf platonische Körper genannt: Tetraeder, Würfel, Oktaeder, Dodekaeder und Ikosaeder. Welche n-Ecke kommen für die Bildung der platonischen Körper in Frage? Erkläre, warum es nicht noch mehr platonische Körper geben kann?

b) Das Dodekaeder ist – wie im Bild zu sehen – der Dualkörper vom Ikosaeder. Kannst du dir auch den Dualkörper vom Dodekaeder vorstellen? Versuche, eine Skizze anzufertigen. Das ist nicht sehr leicht.

c) Das Tetraeder ist besonders bezüglich der Dualität. Kannst du das erklären?

d) Wie sieht der Dualkörper vom Rhombendodekaeder (siehe Bild d) bei den Antwortmöglichkeiten in der Aufgabe) aus?

e) Wie sieht bei den platonischen (archimedischen, catalanischen) Körpern der Dualkörper des Dualkörpers aus? Und wie der Dualkörper des Dualkörpers des Dualkörpers usw.? Du kannst im Kopf unendliche Dualkörperketten bauen.

f) Zähle die Ecken, Kanten und Flächen der Körper aus der Aufgabe und finde einen rechnerischen Zusammenhang. Dieser Zusammenhang gilt auch allgemein für andere Körper bzw. Polyeder, die nur nach außen gerichtete Ecken haben. Du kannst also auch neue Polyeder bauen und dort Ecken, Kanten und Flächen zählen. Eine Tabelle hilft dir dabei, die Übersicht zu behalten. Kannst du zu deinen neuen Polyedern auch deren Dualkörper finden? Wie sehen sie aus?

g) Es gibt 13 archimedische Körper. Wie viele kannst du selbst ohne Hilfe finden? Wenn du sie selbst zusammenbauen möchtest, können dir Klickies dabei helfen. Wenn du sie aus Papier falten möchtest, kannst du dir selbst die Netze zeichnen. Vorlagen dazu findest du im Internet.

h) Da die catalanischen Körper die Dualkörper der archimedischen Körper sind, gibt es auch von ihnen 13 verschiedene. Kannst du sie finden? Welcher catalanische Körper ist dual zu welchem archimedischen?

i) Wie verhalten sich die Anzahlen der Ecken, Flächen und Kanten von Körpern zu ihren dualen Körpern?

j) Wenn du noch mehr über duale Körper erfahren möchtest, untersuche weitere Körper, z. B. einen Tetraederstumpf oder einen Dodekaederstumpf. Wie sieht der duale Körper zu einem Tetraederstumpf oder Dodekaederstumpf aus? Es gibt eine sehr schöne Webseite, die dir hilft, die dualen Körper zu finden:
http://mathsrv.ku-eichstaett.de/MGF/homes/didmath/PKS/Dual.html

Rennschlitten

Antwortmöglichkeit a) ist richtig. Der Weg zwischen dem Wichteldorf und Canberra ist ungefähr 14 000 km lang.

1. Lösungsmöglichkeit über die Aufteilung der Streckabschnitte

Auf die Lösung kannst du durch logisches Kombinieren kommen. Der Weihnachtsmann fliegt dreimal so schnell wie Wichtel Pippin. Wenn Pippin also 1 000 km zurückgelegt hat, hat der Weihnachtsmann 3 000 km zurückgelegt. Der Weihnachtsmann fliegt nun nach Canberra und von dort aus einen Teil der Strecke (bis zum Treffpunkt) wieder zurück. Pippin fliegt bis zum Treffpunkt nur in eine Richtung.

Du kannst die Flugstrecken also in vier gleich lange Streckenabschnitte teilen. Drei Teile, die der dreimal so schnelle Weihnachtsmann in der Zeit bis zum Treffpunkt geflogen ist (die grünen Pfeile W1 und W2 in der Skizze zusammen), und einen Teil, den der langsamere Pippin in dieser Zeit bis zum Treffpunkt zurückgelegt hat (die blauen Pfeile P1 und P2 in der Skizze zusammen). Wenn du die Skizze und die Informationen aus der Aufgabe zusammenführst, siehst du: Die 7 000 km des Abschnitts W2 sind genau die Länge eines der vier gleichlangen Streckenabschnitte.

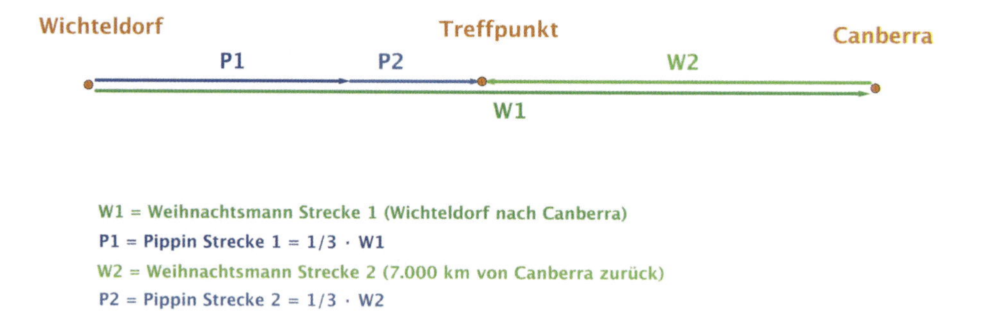

Der Treffpunkt liegt genau auf der Hälfte der Strecke vom Wichteldorf nach Canberra. Also liegt das Wichteldorf von Canberra $2 \cdot 7\,000$ km = 14 000 km weit entfernt.

2. Lösungsmöglichkeit über Verhältnisse

Wenn du die Strecken schrittweise nacheinander (im Kopf oder gezeichnet) wie die Pfeile in der Skizze aufteilst, kannst du das oben erdachte Ergebnis auch mithilfe der Bruchrechnung berechnen. Während der Weihnachtsmann die Strecke vom Wichteldorf nach Canberra fliegt, fliegt Pippin 1/3 davon (Strecke P1). Auf den verbleibenden 2/3 der Strecke bis Canberra kommt ihm der Weihnachtsmann mit dreimal so großer Geschwindigkeit wieder entgegen. Der Treffpunkt teilt diese Zweidrittel-Strecke also im Verhältnis 1 : 3 (aus Pippins Sicht), also in vier gleichgroße Teile. Pippin fliegt einen Teil dieser vier Teile (Strecke P2), also ein Viertel von zwei Dritteln. Insgesamt fliegt Pippin bis zum Treffpunkt demnach:

$$\frac{1}{3} + \frac{1}{4} \cdot \frac{2}{3} = \frac{1}{3} + \frac{1}{6} = \frac{2}{6} + \frac{1}{6} = \frac{3}{6} = \frac{1}{2}$$

Der Treffpunkt befindet sich also auf der Hälfte der Strecke vom Wichteldorf nach Canberra. Die andere Hälfte, die der Weihnachtsmann fliegt, ist 7 000 km lang. Deshalb ist auch hier die gesamte Strecke $2 \cdot 7\,000$ km = 14 000 km lang.

3. Lösungsmöglichkeit über eine Gleichung

Du kannst auch die geflogenen Strecken der beiden miteinander vergleichen. Dazu musst du einmal Pippins Sicht einnehmen und einmal die Sicht des Weihnachtsmanns. Dadurch erhältst du, wie der Name schon sagt, eine *Gleichung*. Für den Vergleich ist wichtig: Pippin ist nur ein Drittel der Strecke des Weihnachtsmanns geflogen.

Auf der linken Seite steht der Weg (P1 + P2) von Pippin bis zum Treffpunkt. Das ist der Weg vom Wichteldorf nach Canberra (Strecke W1 in der Skizze) abzüglich der 7 000 km, die der Weihnachtsmann ihm wieder entgegenkommt. Dieser Weg ist gleich einem Drittel des Weges, den der Weihnachtsmann bis zum Treffpunkt insgesamt zurücklegt, nämlich W1 + 7 000 km. Das steht auf der rechten Seite:

$W1 - 7\,000\text{ km} = \frac{1}{3} \cdot (W1 + 7\,000\text{ km}) \mid \cdot 3$
$\Leftrightarrow 3 \cdot (W1 - 7\,000\text{ km}) = W1 + 7\,000\text{ km} \mid$ *ausmultiplizieren*
$\Leftrightarrow 3 \cdot W1 - 3 \cdot 7\,000\text{ km} = W1 + 7\,000\text{ km} \mid - W1$
$\Leftrightarrow 2 \cdot W1 - 21\,000\text{ km} = 7\,000\text{ km} \mid + 21\,000\text{ km}$
$\Leftrightarrow 2 \cdot W1 = 28\,000\text{ km} \mid : 2$
$\Leftrightarrow W1 = 14\,000\text{ km}$

14 000 km entsprechen der Strecke vom Wichteldorf nach Canberra.

Einzelkinder

Antwortmöglichkeit c) ist richtig. In mehr als 25 % der Haushalte mit Kindern wohnt nur ein einziges Kind.

Ist jedes vierte Kind ein Einzelkind, so bedeutet das, dass 25 % der Kinder Einzelkinder sind. Jedes dieser Kinder kommt also aus einem Haushalt mit *nur einem* Kind. Die restlichen 75 % der Kinder sind keine Einzelkinder und haben somit *mindestens* ein Geschwisterkind. Sie können deshalb aus höchstens halb so vielen Haushalten stammen, weil in jedem dieser Haushalte *mindestens* zwei Kinder leben.

Diesen Gedanken kannst du etwas ausführlicher betrachten: Nach den Informationen von Statistik-Wichtel Balduin stammen 25 von 100 Kindern aus einem Haushalt mit nur einem Kind. Die anderen 75 Kinder leben mit mindestens einem Geschwisterkind in maximal 37 Haushalten zusammen, da 75 : 2 = 37,5 ist (abgerundet auf 37, weil es keine halben Haushalte gibt). Da die Division (75 : 2) nicht glatt aufgeht, müssen in mindestens einem dieser Haushalte drei (oder auch mehr) Kinder leben. Also wohnen 100 Kinder in maximal 25 + 37 = 62 Haushalten. Möchtest du nun den Anteil der Haushalte mit nur einem Kind bestimmen, musst du die 25 Haushalte mit Einzelkindern durch alle 62 Haushalte mit Kindern teilen:

$(25 : 62) \cdot 100\,\% = 40{,}3\,\%$

Demnach lebt in über 40 % der Haushalte mit Kindern nur ein Kind.

In Wirklichkeit werden es noch mehr sein, weil auch etliche Haushalte mehr als zwei Kinder haben. Die 62 Haushalte wurden ja unter der Annahme berechnet, dass die 75 Kinder nur *ein* Geschwisterkind haben (und nur in *einem* Haushalt *drei* Kinder wohnen). Du weißt aber aus Erfahrung, dass es auch viele Haushalte mit mehr als zwei Kindern gibt. Nur hast du keine Informationen darüber, in wie vielen Haushalten mehr als zwei Kinder wohnen. Außerdem hast du auch keine Informationen darüber, wie viele Kinder mit Geschwistern eventuell doch als einziges Kind in einem Haushalt wohnen, weil die älteren Geschwister schon ausgezogen sind oder die Familie getrennt lebt. Diese Kinder sind aber per Definition keine Einzelkinder und werden auch vom Weihnachtsmann beliefert. Die ‚genau'-Aussage in b) ist also nicht zu halten. Mehr als 25 % sind es aber auf jeden Fall. Deshalb kann nur Aussage c) eine richtige Aussage sein.

Blick über den Tellerrand

In wie vielen Haushalten leben zwei Kinder? Wie viel Prozent der Bevölkerung hat welchen Schulabschluss? Wie alt wird eine Frau oder ein Mann in Deutschland durchschnittlich? Die Antworten auf diese und ähnliche Fragen ermittelt das Statistische Bundesamt. Hier werden Deutschlands Daten aus Gesellschaft, Umwelt oder Wirtschaft professionell gesammelt und in Statistiken der Öffentlichkeit und den Medien zu Verfügung gestellt. Jährlich findest du dort etwa 400 neue Statistiken unter anderem zu den Themen Bildung, Arbeit, Bevölkerung, Wohnen oder Gesundheit. Das Statistische Bundesamt bereitet auch die Wahlen zum Deutschen Bundestag vor und stellt die Wahlergebnisse fest.

Eine andere große Aufgabe des Statistischen Bundesamts ist es, Volkszählungen (*Zensus*) durchzuführen. Der letzte Zensus fand im Jahr 2011 statt. Frag mal deine Eltern danach. Jede volljährige in Deutschland lebende Person musste in einem Fragebogen vielfältige Angaben zu sich und ihren Lebensumständen machen, zum Beispiel zu ihren Wohn- und Familienverhältnissen, zu ihrem Bildungsabschluss, ihrem Beschäftigungsverhältnis, ihrem Einkommen und Vermögen. Die Teilnahme war für alle Bürgerinnen und Bürger verpflichtend, egal ob sie die deutsche Staatsbürgerschaft besitzen oder nicht. Die Ergebnisse werden seit Mai 2013 schrittweise veröffentlicht. Einige fundamentale Daten findest du in dieser Tabelle.

Bevölkerung (30.09.)	2012	80,5 Millionen
Lebendgeborene	2012	673 570
Gestorbene	2012	869 582
Wanderungssaldo	2011	+279 207
Private Haushalte	2012	40,7 Millionen
Familien mit minderjährigen Kindern	2012	8,1 Millionen
Ausländeranteil (31.12.)	2011	7,9 %
Bevölkerung mit Migrationshintergrund	2011	19,5 %

Quelle: https://www.destatis.de/DE/ZahlenFakten/GesellschaftStaat/Bevoelkerung/Bevoelkerung.html

Diese Volkszählung war die erste seit der Wiedervereinigung Deutschlands im Jahr 1990. Das letzte Mal fanden Volkszählungen in der Bundesrepublik Deutschland (BRD) im Jahr 1987 und in der damaligen Deutschen Demokratischen Republik (DDR) im Jahr 1981 statt. Die damals erhobenen Daten waren also 2011 schon 24 bzw. 30 Jahre alt. In der Volkszählung 2011 wurde festgestellt, dass Deutschland rund 1,9 % weniger

Einwohner hat als angenommen. Solche Daten sind sehr wichtig und interessant, weil auf dieser Grundlage Vieles kalkuliert wird, z. B. unsere Sozialausgaben und die Gesundheitskosten. Viele Gemeinden und Kommunen haben nun weniger Einwohner als bisher angegeben und müssen deswegen Geld, das sie für die zu viel angenommenen Einwohner erhalten haben, wieder zurückzahlen. Dieses Geld fehlt den Gemeinden und Kommunen dann für die öffentlichen Einrichtungen wie z. B. Schulen und Sportstätten.

Eine Volkszählung, in der die gesamte Bevölkerung einbezogen ist, findet nur selten statt, weil sie sehr teuer und aufwendig ist. Deswegen werden die meisten Umfragen in einem sogenannten „Mikrozensus" durchgeführt. Dafür wird nur eine kleine Gruppe als Stichprobe zufällig ausgewählter Personen befragt, deren Angaben dann auf die Bevölkerung Deutschlands hochgerechnet werden. Dafür stellt das mathematische Gebiet der *Statistik* nützliche Rechenwerkzeuge und Modelle zur Verfügung. Dieses Gebiet ist noch sehr jung und ein sehr lebendiges Forschungsfeld. Eine grundlegende Erkenntnis der Statistik ist, dass du von einer großen Gruppe Menschen nur einen Bruchteil untersuchen musst. Entscheidend ist, dass die Teilgruppe, die befragt wird, nicht zu klein ist und sorgfältig ausgewählt wird, damit alle möglichen Bevölkerungsgruppen darin vertreten sind. Nur dann lassen sich nämlich die Ergebnisse verlässlich auf die Gesamtgruppe hochrechnen. So wird zum Beispiel auch eine Wahlhochrechnung gemacht. Der Aufwand des Mikrozensus ist wesentlich geringer, das Ergebnis bleibt aber trotzdem einigermaßen repräsentativ.

Aber Vorsicht! Wählst du eine zu kleine Stichprobe, kannst du ein völlig falsches Bild vom Gesamtergebnis bekommen. Ganz einfach kannst du das sehen, wenn du fünfmal würfelst und vorhersagen sollst, wie oft welche Zahl durchschnittlich fällt. Das richtige Ergebnis, dass alle Zahlen gleich häufig fallen, wirst du nicht so schnell entdecken. Das ist auch wichtig im Alltag, denn du solltest dich davor hüten, nach einer schlechten Erfahrung gleich negative Schlussfolgerungen zu ziehen. Das passiert immer noch sehr häufig und ist für viele Ängste und Vorurteile gegenüber anderen Menschen, Gruppen und vermeintlichen Bedrohungen verantwortlich.

Ebenso muss die Teilgruppe für deine Stichprobe gut durchmischt sein. Wenn du zum Beispiel herausfinden möchtest, wie viele Fans die verschiedenen Fußballvereine in Deutschland haben, reicht es nicht, nur Menschen aus Norddeutschland zu befragen. Die Auswahl einer Teilgruppe ist entscheidend dafür, wie repräsentativ eine Statistik ist.

Die Statistiken des Statistischen Bundesamtes können auf der Homepage www.destatis.de von jedem abgerufen und kostenlos genutzt werden. Die Ergebnisse sind repräsentativ, unabhängig und wissenschaftlich aufbereitet. Wenn du Datenmaterial für ein Referat brauchst, wirst du in der großen Datenbank sicher fündig. In Wiesbaden (Hauptstadt des Landes Hessen) ist der Hauptsitz des Statistischen Bundesamtes. Dort gibt es die größte Spezialbibliothek für Statistik in Deutschland. Du kannst auch eigene Ideen für Umfragen an das Statistische Bundesamt leiten.

Abschließend noch ein Hinweis: Menschen neigen dazu, Risiken falsch einzuschätzen. Die Risikoabschätzung basiert auf statistischen Vorhersagen, doch die Menschen lassen sich meist von ihren Emotionen leiten. Dieser Effekt wird in der Psychologie „Wahrscheinlichkeitsvernachlässigung" genannt, d.h. wir vernachlässigen die eigentliche Wahrscheinlichkeit und lassen unsere Emotion über das Risiko entscheiden. Zum Beispiel ist die Wahrscheinlichkeit, mit einem Flugzeug tödlich zu verunglücken, sehr viel kleiner als die, im Straßenverkehr getötet zu werden. Trotzdem haben viele Leute Flugangst und setzen sich lieber in ein Auto.

Zum Weiterdenken

a) Erstelle eine eigene Statistik zum Thema „Kinderanzahl in der Familie" in deiner Umgebung.

b) Suche dir interessante Statistiken bei www.destatis.de heraus und stelle die Daten grafisch dar. Du kannst dazu auch Excel-Diagramme verwenden.

c) Schaue Zeitschriften nach Diagrammen und Statistiken durch und suche nach Fehlern. Findest du etwas, schreibe einen Leserbrief.

Das Gruppenbild

Antwortmöglichkeit d) ist richtig. Nur bei Bildbefestigung d) fällt das Bild in jedem Fall herunter.

Die Bedingung, dass das Bild auf den Boden fällt, egal, welcher Nagel herausgezogen wurde, heißt: Das Bild fällt sowohl beim Lösen des linken als auch beim Lösen des rechten Nagels herunter. Deshalb muss jeweils das Herausfallen beider Nägel einzeln untersucht werden.

Bei den Bildbefestigungsarten a) und b) gibt es keinen Nagel, nach dessen Herausziehen das Bild zu Boden fällt. In beiden Fällen würde das Bild vom jeweils anderen Nagel gehalten.

Bei der Bildbefestigung c) fällt das Bild nur auf den Boden, wenn sich der linke Nagel löst. Fehlt der linke Nagel, wird die Schlaufe, die sich um ihn gebildet hat, unter dem rechten Nagel hindurch und um ihn herum gezogen. Das Bild wird nicht vom rechten Nagel gehalten, weil es dann keine Schlaufe mehr um ihn gibt. Es fällt herunter. Löst sich der rechte Nagel, öffnen sich die Schlaufen der rechten Seite und die Schlaufe um den linken Nagel bleibt. Das Bild bleibt an diesem hängen und fällt nicht herunter.

Löst sich in Antwort d) der linke Nagel, wird die innere Schlaufe, genau wie in Möglichkeit c), unter dem rechten Nagel hindurch und um ihn herum gezogen. Das Bild fällt auf den Boden. Löst sich der rechte Nagel, fällt die kleine, oben liegende Schlaufe einfach herunter und wird nicht mehr gehalten. Die große, unten liegende Schlaufe wird über den linken Nagel und um ihn herum gezogen. Das Bild fällt also auch in diesem Fall zu Boden.

Du kannst die Schlaufen, wie in der Aufgabe dargestellt, mit einer Schnur nachlegen. Dann kannst du durch Ausprobieren herausfinden, wie sich die Schlaufen auflösen. Wenn du mit den Händen an einer Seite ziehst, kannst du die Schwerkraft simulieren, die das Bild zu Boden zieht.

Du kannst auch versuchen zu erkennen, ob sich der verbleibende Nagel innerhalb oder außerhalb der Kurve befindet, die sich aus der Schnur und der Oberkante des Bildes bildet. Befindet er sich außerhalb der Kurve, hält er das Bild nicht. Befindet er sich innerhalb der Kurve, hält er es.

Mathematische Exkursion

Die richtige Lösung lässt sich nicht nur durch genaues Hinschauen oder das Nachlegen der Schnüre finden, sondern auch berechnen. Dafür musst du die Mathematik dahinter verstehen. Das mathematische Teilgebiet der *Algebraischen Topologie* beschäftigt sich unter anderem damit, geschlossene Bänder (du kannst z. B. an Gummibänder denken) in sogenannten *topologischen Räumen* in verschiedene *Klassen* einzuteilen. Diese Idee klingt vielleicht kompliziert, ist sie aber nicht wirklich:

Die flache Wand mit zwei Nägeln kann in unserem Beispiel als so ein topologischer Raum angesehen werden. Die beiden Nägel stellen in diesem Raum unüberwindbare Hindernisse dar. Diese hindern bestimmte geschlossene Bänder, die auf der Wand liegen, daran, sich ineinander zu verformen.

Zum Beispiel lässt sich ein geschlossenes Band um den linken Nagel (wir nennen ihn L) nicht in ein geschlossenes Band um den rechten Nagel (wir nennen ihn R) verformen. Dafür müsstest du es erst zerschneiden. Dann bleibt es aber nicht dasselbe geschlossene Band an der Wand. Es ist auch kein erlaubter Trick, das Band von der Wand zu heben. Sonst würdest du das Band aus seinem topologischen Raum nehmen.

Die Aufhängschnur bildet mit der Oberkante des Bildes solch ein geschlossenes Band. Die Oberkante des Bildes ist dabei nicht verformbar, die Schnur allerdings schon. Mit ein paar weiteren Überlegungen kannst du berechnen, warum das Bild bei der Befestigungsart d) in jedem Fall auf den Boden fällt:

Eine *Rechtsschlaufe* um den (linken) Nagel L bezeichnen wir als l, eine *Linksschlaufe* um L bezeichnen wir als $-l$. Eine Rechtsschlaufe um den (rechten) Nagel R können wir als r bezeichnen und eine Linksschlaufe um R ist dann $-r$. Umläufst du zum Beispiel erst Nagel L im Uhrzeigersinn und dann Nagel R gegen den Uhrzeigersinn, so kannst du $l \times (-r)$ schreiben. Das Symbol „$\times$“ *verknüpft* die beiden Schlaufen (siehe Mathematische Exkursion, Aufgabe „Erste Vorbereitungen“) und besagt, dass diese hintereinander ausgeführt werden.

Ein Band, das zunächst im Uhrzeigersinn und dann gegen den Uhrzeigersinn um einen Nagel läuft, kann in ein Band verformt werden, das den Nagel überhaupt nicht umläuft. Das kannst du leicht nachvollziehen. Somit heben sich die Schlaufe l und die Schlaufe $-l$ gegenseitig auf. Mathematisch heißt das $l \times (-l) = 0$. Es bleibt keine Schlaufe übrig.

Die Art, in der das geschlossene Band Befestigungsart d) gewickelt Befestigungsart wurde, lässt sich dann mathematisch als $l \times r \times (-l) \times (-r)$ beschreiben. In nichtmathematischer Sprache bedeutet das: Die Schnur läuft erst im Uhrzeigersinn um den Nagel *L*, dann im Uhrzeigersinn um den Nagel *R*, anschließend gegen den Uhrzeigersinn um *L* und schließlich noch gegen den Uhrzeigersinn um *R*, bevor es sich über die Oberkante des Bildes wieder schließt.

Löst sich nun Nagel *L* aus der Wand, so verschwinden die Schlaufen l und $-l$, weil es kein Hindernis mehr gibt. Die Wickelung aus Möglichkeit d) wird zu $r \times (-r)$. Da sich r und $-r$ jedoch gegenseitig zu 0 aufheben, lässt sich das geschlossene Band nun in ein Band verformen, welches den Nagel nicht mehr umläuft. Somit fällt das Bild.

Löst sich anstelle des Nagel *L* der andere Nagel *R* aus der Wand, so wird die Wickelung aus Befestigungsart d) zu $l \times (-l) = 0$ und das Bild fällt auch in diesem Fall.

Zum Weiterdenken

a) Findest du weitere Wickelungen, bei denen das Bild herunterfällt, wenn sich ein Nagel löst?

b) Das gleiche Spiel funktioniert auch mit drei Nägeln! Aber wie?

c) Geht es auch mit vier oder mehr Nägeln?

d) Suche nach anderen Situationen (z. B. in deinem Alltag), in denen Schnüre/Kabel/Seile ... um Hindernisse gewickelt sind. Würden sich die Schlaufen beim Wegnehmen der Hindernisse auflösen?

Weihnachtsbaum 2.0

Antwortmöglichkeit c) ist richtig: Am Ende können alle Kugeln weiß sein.

Du kannst die Lösung durch Probieren herausfinden. Um den Überblick zu behalten, legst du am besten eine Tabelle an und lässt in jeder Zeile zwei Kugeln miteinander „reagieren". Zum Beispiel so:

Schritt	Reaktion	Anzahl rote	Anzahl weiße	Anzahl gelbe
0	-	7	2	1
1	rot mit weiß	6	1	3
2	gelb mit rot	5	3	2
...	...	...	...	...

Doch das Probieren aller Möglichkeiten kann im Zweifel ziemlich lange dauern. Schon im ersten Schritt gibt es sechs verschiedene Möglichkeiten: *weiß-weiß*, *gelb-gelb*, *rot-rot*, *rot-weiß*, *rot-gelb und weiß-gelb*, wobei nur bei den letzten drei Kombinationen auch Farbwechsel stattfinden. Die anderen drei farbgleichen Paarungen verändern nichts und sind deshalb uninteressant. Danach gibt es wieder für jede der drei interessanten möglichen Paarungen drei weitere mögliche „Reaktionen" und danach wieder und wieder ... Es gibt also $3 \cdot 3 \cdot 3 \cdot 3 \cdot ...$ Möglichkeiten. Die zu prüfenden verschiedenen Farbwechsel hören erst auf, wenn alle Kugeln gleichfarbig sind. Du müsstest alle diese Möglichkeiten durchgehen!

Einfacher und schneller ist es deshalb, sich der Lösung von hinten zu nähern. Man nennt das *Rückwärtsarbeiten*. Überlege dir dazu vom Ziel ausgehend, wie die Situation davor ausgesehen haben könnte. Dazu folgende Überlegungen:

Erste Überlegung zur letzten „Reaktionsphase"

Wenn am Ende alle Kugeln die gleiche Farbe haben sollen, dürfen in der letzten „Reaktionsphase" von den anderen beiden Farben nur noch je gleich viele Kugeln übrig gewesen sein, denn immer zwei verschiedenfarbige Kugeln nehmen die dritte Farbe an. Spielst du das Szenario mal für die Endfarbe „weiß" durch, dann gibt es in der letzten „Reaktionsphase" vor dem Ende:

entweder

1 *rote,* 1 *gelbe und* 8 *weiße Kugeln* oder
2 *rote,* 2 *gelbe und* 6 *weiße Kugeln* oder
3 *rote,* 3 *gelbe und* 4 *weiße Kugeln* oder
4 *rote,* 4 *gelbe und* 2 *weiße Kugeln* oder
5 *rote,* 5 *gelbe und* 0 *weiße Kugeln*

Vorüberlegung

Die roten und gelben Kugeln können jeweils paarweise (immer: „rot - gelb") aufeinandertreffen und somit Schritt für Schritt alle Kugeln „weiß" färben. Andere als die oben aufgezählten Zustände, aus denen nur noch weiße Kugeln übrig bleiben, gibt es nicht.

Haben also zwei Farben gleich viele Kugeln (das können, wie gesehen, auch mehrere sein), dann können diese paarweise miteinander „reagieren" und es bleibt nur die dritte Farbe übrig. Dies gilt natürlich für die Endfarben „gelb" und „rot" genauso wie für „weiß".

Du musst nun für jede Farbe schauen, ob einer dieser Zustände aus den Anfangsbedingungen überhaupt erreicht werden kann. Dabei hilft dir eine zweite Überlegung.

Zweite Überlegung: Wie verändern sich die Anzahlen der farbigen Kugeln bei den verschiedenen Farbwechseln?

Findet eine „Reaktion ohne Farbwechsel" statt, so ändert sich nichts. Die Anzahlen der Farben bleiben unverändert. Dieser Fall ist also uninteressant und braucht nicht betrachtet zu werden.

Findet eine „Reaktion mit Farbwechsel" statt, so ändern die zwei „reagierenden" Kugeln ihre Farbe. Diese beiden Farben verlieren jeweils eine Kugel. Dadurch bleibt die *Differenz der Kugelanzahlen* dieser beiden Farben gleich.

Beispielsweise ist in der Tabelle auf der Seite 153 oben die Differenz zwischen den Anzahlen der gelben und der roten Kugeln vor dem zweiten Schritt 3 (siehe zweite Zeile). Da sie miteinander reagieren, ist sie auch danach noch 3 (siehe dritte Zeile).

In diesem Fall ändern sich die beiden Anzahlen der reagierenden Farben um „-1" (es wird jeweils 1 Kugel der Farbe weniger). Die dritte, nicht reagierende Farbe bekommt zwei Kugeln hinzu, also „+2" Kugeln. Da die anderen beiden Farben jeweils eine Kugel verloren haben, wächst (oder schrumpft) die Differenz zwischen der nicht reagierenden Farbe und den beiden reagierenden Farben jeweils um 3.

Beispielsweise ist die Differenz der Anzahlen der roten und der weißen Kugeln vor dem zweiten Schritt 5 (siehe zweite Zeile) und danach 2 (siehe dritte Zeile).

Folgerung

Da sich die Differenz zweier Farben in einem Schritt nur um 3 ändern kann, können zwei Farben nur dann jemals die gleiche Anzahl erreichen, wenn sie um ein Vielfaches von 3 auseinander liegen. Liegen die Anzahlen der Kugeln zweier Farben nicht um ein Vielfaches von 3 auseinander, werden sie nie die gleiche Anzahl von Kugeln erreichen und können sich deshalb nicht gegenseitig auslöschen.

Übertragung beider Überlegungen auf die Aufgabe

Da die Anzahlen der roten (7) und weißen Kugeln (2) zu Beginn nicht um ein Vielfaches von 3 auseinander liegen (sie liegen um 7 - 2 = 5 auseinander), können am Ende nicht alle Kugeln gelb werden. Ebenso wenig können am Ende alle Kugeln rot werden, da die Anzahlen der weißen (2) und der gelben Kugeln (1) am Anfang um 1 auseinander liegen. Da die Anzahlen der roten (7) und gelben Kugeln (1) zu Beginn ein Vielfaches von 3 auseinander liegen (nämlich 2 · 3 = 6), könnte es sein, dass ein Zustand mit gleich vielen gelben und roten Kugeln erreicht werden kann. Ob das auch wirklich gehen kann, musst du noch überprüfen. Bisher haben wir nämlich nur gezeigt, dass ein „Vielfaches von 3"-Zustand vorliegen muss, um den „gleiche Anzahl"-Zustand erreichen zu können. Wir wissen aber nicht, ob das mit jedem „Vielfaches von 3"-Zustand oder zumindest mit diesem uns vorliegenden geht.

Du musst jetzt also noch eine Abfolge von „Reaktionen" suchen, mit der du aus dem uns vorliegenden Ausgangszustand auf gleich viele rote und gelbe Kugeln kommst. Diese können dann miteinander reagieren und es bleiben am Ende nur weiße Kugeln übrig. Es gibt viele solcher Abfolgen von Reaktionen. Die „schnellste" sieht so aus:

Schritt	Reaktion	Anzahl rote	Anzahl weiße	Anzahl gelbe
0	–	7	2	1
1	rot und weiß	6	1	3
2	rot und weiß	5	0	5
3	rot und gelb	4	2	4
...	...	...	...	...
7	rot und gelb	0	10	0

Im schnellsten Fall sind also nach sieben Schritten alle Kugeln weiß. Es kann natürlich auch sehr viel länger dauern und das ist auch sehr wahrscheinlich.

Blick über den Tellerrand

In der Mathematik kannst du lernen, wie du verschiedenartige Probleme (nicht nur mathematische) lösen kannst. Das „Rückwärtsarbeiten" ist eine beliebte Problemlösestrategie, die dir einen ganz anderen Blick auf das Problem eröffnet. Du kannst auch „Rückwärts- und Vorwärtsarbeiten" kombinieren. Andere Strategien, ein mathematisches Problem zu lösen, sind zum Beispiel auch „Versuch und Irrtum", „Systematisches Probieren", das „Ausschlussverfahren", „Problem vereinfachen", „Spezialfälle betrachten" und das „Wechseln der Darstellung".

Der Vater des Problemlösens war der ungarische Mathematiker *George Pólya* (1887–1985). Er wurde 97 Jahre alt. Im höheren Alter beschäftigte er sich mit der Vermittlung und Charakterisierung von Problemlösungsstrategien. Sein Buch „Die Schule des Denkens: Vom Lösen mathematischer Probleme" (im Original von 1949 heißt es „How to solve it: A new aspect of mathematical method") zählt seit Langem zur mathematischen Standardliteratur. Es hat noch heute Gültigkeit und wird oft zitiert. Pólya beschreibt darin vier Phasen, die man in einem Problemlöseprozess durchlaufen sollte:

1. Phase: Verstehen der Aufgabe (oder des Problems)

Was ist unbekannt? Was ist gegeben? Wie lautet die Bedingung? Zeichne eine Figur! Führe eine passende Bezeichnung ein! Trenne die verschiedenen Teile der Bedingung! Kannst du sie aufschreiben?

2. Phase: Ausdenken eines Plans

Hast du die Aufgabe oder eine ähnliche schon früher gesehen und gelöst? Kennst du eine verwandte Aufgabe? Kennst du einen Lehrsatz, der förderlich sein könnte? Kannst du die Aufgabe anders ausdrücken? Wenn du die vorliegende Aufgabe nicht lösen kannst, so versuche zuerst eine verwandte Aufgabe zu lösen. Kannst du dir eine zugänglichere verwandte Aufgabe denken? Eine allgemeinere Aufgabe vielleicht oder eine speziellere oder eine analoge Aufgabe? Kannst du zumindest einen Teil der Aufgabe lösen? Behalte nur einen Teil der Bedingung bei und lasse den anderen fort. Hast du alle Bedingungen ausgenutzt?

3. Phase: Ausführen des Planes

Wenn du einen Plan zur Lösung durchführst, kontrolliere jeden Schritt. Kannst du deutlich sehen, dass der Schritt richtig ist? Kannst du beweisen, dass er richtig ist?

4. Phase: Rückschau

Kannst du das Resultat kontrollieren? Kannst du den Beweis kontrollieren? Kannst du das Resultat auf verschiedene Weisen ableiten? Kannst du es auf den ersten Blick sehen? Hast du alle möglichen Fälle beachtet? Kannst du das Resultat oder die Methode für irgendeine andere Aufgabe gebrauchen? Überlege, welche Strategie dich zum Erfolg geführt hat und reflektiere noch einmal den Lösungsprozess!

Du siehst hier, dass Pólya großen Wert darauf legt, dass du dir beim Problemlösen zunächst über die Aufgaben bzw. die Problemstellung klar wirst. In der zweiten Phase stellt Pólya eine ganze Reihe von Fragen vor, die dir dabei helfen können, systematisch und zielgerichtet einen Plan zur Lösung des Problems zu entwickeln. Am Ende darf auch die Kontrolle der Lösung nicht fehlen.

Es hilft natürlich nichts, wenn du das Phasenmodell einfach nur auswendig lernst. Die Regeln sind keine Rezepte, nach denen sich Lösungen wie von selbst ergeben. Sie sollen nur eine Anregung darstellen, welche Phasen du durchlaufen könntest und welche Fragen dir dabei in den Sinn kommen könnten. Sie sollen deine Kreativität anregen und dir Ideen für dein Vorgehen beim Problemlösen geben.

Die Mathematik ist ständig im Fluss. Sie ist eher ein Prozess und nicht ein „fertiges" Produkt, in dem sich nichts mehr verändert. Jeder kann noch Neues in der Mathematik entdecken - auch du! Im Mathematikunterricht solltest du nicht nur lernen, wie *eine* Aufgabe zu lösen ist, und dann „Rezepte" auswendig lernen und immer wieder gleich anwenden. Nicht das Nachvollziehen von vorgegebenen Regeln und Schemata macht die Mathematik aus, sondern das Verstehen und Analysieren von Problemen, das Aufstellen von geeigneten Formulierungen und Vermutungen, das Darstellen, Probieren, Verwerfen, Begründen usw. Diese Gedanken kennen und faszinieren alle Mathematikerinnen und Mathematiker. Pólya hat sie schon vor über sechzig Jahren aufgeschrieben.

Möchtest du dies nun selbst entdecken, kann dir das „Problemlösen" helfen. Du findest in diesem Buch oder auch beim Online-Spiel ***Mathe im Advent***, beim Känguru-Wettbewerb, der Mathematik-Olympiade oder dem Bundeswettbewerb Mathematik genügend dieser (unbekannten) Probleme (oder Aufgaben) auf verschiedenen Niveaustufen, mit denen du dich ausprobieren und auch trainieren kannst.

Zum Weiterdenken

a) Kann Wendel eine Anfangskombination an Kugeln finden, mit der nie eine Farbe übrig bleibt?

b) In der Erklärung der Lösung steht geschrieben: „... könnte es sein, dass ein Zustand mit gleich vielen gelben und roten Kugeln erreicht werden kann. Ob das auch geht, musst du noch überprüfen. Bisher haben wir nämlich nur gezeigt, dass ein „Vielfaches von 3"-Zustand vorliegen muss, um den „gleiche Anzahl"-Zustand erreichen zu können. Wir wissen aber nicht, ob das mit jedem „Vielfaches von 3"-Zustand oder zumindest mit dem uns vorliegenden geht."
Warum ist das nicht das Gleiche? (Versuche z. B. einen Anfangszustand zu finden, der die „Vielfaches von 3"-Bedingung erfüllt, aber aus dem trotzdem nicht der „gleiche Anzahl"-Zustand erreicht werden kann.)

Die Wichtel in der Sahara

Die Lösung ist nicht eindeutig. Je nach den Rahmenbedingungen kann Wichtel Waldemar die Sahara-Wanderung nach Timbuktu ohne Hilfe schaffen.

Diese Aufgabe ist ein Beispiel, das zeigt, dass du in der Mathematik häufig kreativ sein musst, um Probleme lösen zu können und dass es nicht immer eine eindeutig richtige Antwort gibt. Die richtige Antwort hängt immer von den Rahmenbedingungen ab, die deine Gedanken zur Lösung des Problems einschränken. Vor allem, wenn du versuchst mit Mathematik eine (mehr oder weniger) reale Problemstellung zu untersuchen. In dieser fiktiven Geschichte wurden keine Einschränkungen zur benötigten Zeit gemacht und ob Wichtel Waldemar in Teilschritten an sein Ziel gelangen kann. Die Einschränkungen kommen in diesem Fall durch Fragen der praktischen Durchführbarkeit. Sie sollten für reale Fälle immer so sinnvoll wie möglich gewählt werden. Beispielhaft wird versucht, in den nachfolgenden Lösungswegen ein paar der möglichen Rahmenbedingungen und die Auswirkungen auf die Problemstellung zu untersuchen. Diese Lösungswege und noch viele andere sind denkbar. Du musst für dich selbst entscheiden, welche Variante die sinnvollste ist.

Lösungsweg ohne Einschränkungen

Wichtel Waldemar kann die Wanderung in die Sahara alleine schaffen (dann wäre Antwortmöglichkeit a) richtig) – allerdings in mehreren Etappen: Dazu legt er sich in Teilzielen in der Wüste „Essensdepots“ an und kehrt zweimal nach Timbuktu zurück, um sich neue Rationen zu besorgen. Beachte dann bei der Rechnung, dass er auch dabei pro Tag immer eine Tagesration verbraucht und nur vier Rationen auf einmal tragen kann.

Am ersten Tag geht er mit vier Tagesrationen los. Am Ende des Tages legt er zwei Tagesrationen in einem Depot ab und kehrt mit der vierten Tagesration am zweiten Tag wieder zurück nach Timbuktu.

Am dritten Tag startet er in Timbuktu mit vier neuen Rationen und läuft wieder in die Wüste. Am Ende des Tages kommt er wieder am Depot an und nimmt eine der dort gelagerten zwei Rationen für den nächsten Tag mit, sodass er mit vier Rationen in den vierten Tag starten kann. Am Ende des vierten Tages hat er dann noch drei Rationen bei sich, wovon er eine in einem neuen Depot einlagert. Mit den anderen beiden Rationen begibt er sich wieder auf den zweitägigen Rückweg nach Timbuktu.

Von dort bricht er am fünften Tag erneut mit vier Rationen auf. Auf dem Weg kommt er nun an den Depots vorbei und nimmt die jeweils dort gelagerte Tagesration mit. Dafür hat er wieder Platz, denn er hat ja tagsüber schon eine Ration verbraucht. So hat er nach zwei Tagen immer noch vier Rationen, mit denen er die restlichen vier Tage der Reise überleben kann.

Weitere Lösungswege (mit Einschränkungen)

1. Einschränkung: Sind Depots eine gute Idee?

Angenommen, die Depots werden ausgeplündert (zum Beispiel von Pavianen, die es in der Sahara gibt) oder Waldemar findet nicht genau die Lagerstelle der Essensvorräte wieder, dann kann er es nicht alleine schaffen. Ohne diese „Essensdepots" kann er es aber auch mithilfe eines weiteren Wichtels schaffen. In dieser Überlegung wird ausgenutzt, dass Waldemar wieder nach Timbuktu zurückkehrt, sein Weg durch die Wüste also ein Rundkurs ist. Der weitere Wichtel begleitet Waldemar mit drei Tagesrationen in die Wüste. Am Morgen des zweiten Tages gibt er Waldemar eine Tagesration mit und macht sich mit der einen verbleibenden Ration auf den Rückweg nach Timbuktu. Waldemar kann nun weitere vier Tage gehen und ist am Ende des fünften Tages nur noch einen Tagesfußmarsch von Timbutku entfernt. Dann kommt ihm der Helferwichtel sozusagen auf dem Rückweg wieder mit drei Rationen entgegen. Waldemar ist ja am Ende des fünften Tages nur noch einen Tagesmarsch von Timbuktu entfernt. Sie treffen sich am Ende des fünften Tages und haben noch zwei Tagesrationen für den restlichen eintägigen Weg nach Timbuktu zurück. So wäre die Antwortmöglichkeit a) „mindestens ein weiterer Wichtel ist nötig" richtig.

2. Einschränkung: Finden sich die beiden inmitten der Wüste wirklich wieder?

Auch hier kann man den Einwand machen, dass es unwahrscheinlich ist, dass sich Waldemar und Helferwichtel nach dem 5. Tag an einem Punkt irgendwo in der Wüste treffen. Es gibt eine weitere Lösungsmöglichkeit, wie es Waldemar mit zwei Helferwichteln schaffen kann: Jeder Wichtel kann vier Tagesrationen mitnehmen. Nimmt er zwei Wichtel mit, haben sie zusammen zwölf Tagesrationen. Davon verbrauchen die drei Wichtel am ersten Tag drei, haben also noch neun Rationen übrig. Mit einer Ration macht sich ein Helferwichtel am nächsten Morgen wieder auf den Rückweg, der für ihn einen Tag dauert. Waldemar läuft mit dem anderen Helferwichtel und den verbliebenen acht Rationen weiter, von denen sie am zweiten Tag zwei verbrauchen. Am Morgen des dritten Tages nimmt der zweite Wüstenwichtel von den sechs übrig gebliebenen Rationen zwei mit auf den für ihn zweitägigen Rückweg. Es bleiben noch vier Rationen für die restlichen vier Tage von Waldemars Tour. Die kann er auch alleine tragen. So kommen alle heil an. In diesem Fall ist die Antwortmöglichkeit b) „mindestens zwei weitere Wichtel sind nötig“ korrekt.

Eingefleischte Wanderer würden auch einwenden, dass man sich in der Wüste nicht trennt und alleine weiterläuft. In dem Fall könnte er noch beliebig viele zusätzliche Helferwichtel mitnehmen.

Blick über den Tellerrand

Die Geschichte ist natürlich frei erfunden und würde so in der heutigen Welt nicht stattfinden. In den Sahara-Gebieten leben nämlich hauptsächlich Berber und Araber. Berber ist ein Sammelbegriff für die verschiedenen Völker (zum Beispiel die Tuareg), die schon seit langer Zeit in den Sahara-Gebieten leben. Sie sind sozusagen die „Ureinwohner“ der Sahara. Die Kultur in Nordafrika ist einheitlich islamisch geprägt. Weihnachten ist ein christliches Fest und wird von Muslimen in den Oasenstädten der Sahara in der Regel nicht gefeiert.

Das gestreifte Schaf

Antwortmöglichkeit b) ist richtig. Es sind mindestens 2 521 Schafe in Bennos Herde.

1. Lösungsweg durch Ausschlussverfahren

Dies ist vermutlich der einfachste Lösungsweg. Die Bedingung, dass bei der Aufteilung in die verschiedenen Gruppen immer das gestreifte Schaf übrig bleibt, bedeutet übersetzt in die mathematische Sprache: Die gesuchte Zahl ist nicht durch 2, 3, 4, 5, 6, 7, 8, 9 und 10 teilbar. Es bleibt immer ein *Rest* von 1 übrig, da immer das gestreifte Schaf übrig bleibt. Positiv formuliert: Die gesuchte Zahl ist durch alle Zahlen von 2 bis 10 mit Rest 1 teilbar. Dies wiederum kannst du noch einfacher formulieren: Die gesuchte Zahl minus 1 ist durch alle Zahlen von 2 bis 10 teilbar.

Ausschluss der Antwortmöglichkeit c) „Die Herde besteht aus 27 612 Schafen."

Wenn Benno die Schafherde in Paare (also in Zweiergruppen) aufteilt, bleibt das gestreifte Schaf übrig. Das heißt, die gesuchte Zahl ist nicht durch 2 teilbar und kann somit keine gerade Zahl sein. Damit scheidet also die Antwortmöglichkeit c) 27 612 aus, da sie durch 2 teilbar ist.

Ausschluss der Antwortmöglichkeit a) „Die Herde besteht aus 421 Schafen."

Bei 421 Schafen bleibt bei Division durch 2, 3, 4, 5, 6 und 7 der Rest 1, aber bei der Division durch 8 der Rest 5, da $421 = 52 \cdot 8 + 5$. Es würden also neben dem gestreiften Schaf noch vier weitere Schafe übrig bleiben. Damit ist auch Antwortmöglichkeit d) falsch.

Betrachtung der letzten Antworten: „Die Herde besteht aus d) 3 628 801 oder b) 2 521 Schafen."

Bei Division durch die Zahlen 2, 3, 4, 5, 6, 7, 8, 9, 10 bleibt sowohl bei 3 628 801 als auch bei 2 521 Schafen immer, wie gewünscht, ein Rest von 1. Das heißt: Teilt Benno in beiden Fällen die Schafherde in Gruppen mit diesen Anzahlen an Schafen auf, bleibt immer das gestreifte Schaf übrig. Beide Lösungen sind somit möglich, aber gefordert war die *kleinste* Anzahl an Schafen.
Da $2\,521 < 3\,628\,801$, ist b) mit 2 521 die richtige Lösung.

2. Lösungsweg über die Primfaktorzerlegung

Du kannst bei der Lösung dieser Aufgabe auch ausnutzen, dass alle natürlichen Zahleneindeutig als Produkt von Primzahlen geschrieben werden können. Dieser Gedanke verkürzt die Rechnung erheblich. Die gesuchte Zahl muss durch 2, 3, 4, 5, 6, 7, 8, 9 *und* 10 mit dem Rest 1 teilbar sein. Eine solche Zahl wäre $1 \cdot 2 \cdot 3 \cdot 4 \cdot 5 \cdot 6 \cdot 7 \cdot 8 \cdot 9 \cdot 10 + 1 = 3\,628\,801$. Es ist aber nach der kleinsten Anzahl der Schafsherde gefragt. Die findest du, indem du nur die *Primfaktoren* multiplizierst, die du mindestens brauchst, um die zehn Zahlen zu erzeugen:

Die 2, 3, 5 und 7 sind prim (das sagt man, wenn sie Primzahlen sind). Sie müssen also dabei sein.

Da $4 = 2 \cdot 2 = 2^2$ und $8 = 2 \cdot 2 \cdot 2 = 2^3$, reichen für die 2, 4 und 8 drei Zweien im gesuchten Produkt;

$6 = 2 \cdot 3$. Da die Primzahlen „2“ und „3“ bereits dabei sind, brauchst du die „6“ nicht mehr.

Für $9 = 3 \cdot 3 = 3^2$, musst du noch eine zweite „3“ in das Produkt mit aufnehmen.

$10 = 2 \cdot 5$ brauchst du nicht weiter zu beachten, weil die „2“ und die „5“ bereits als Primfaktoren dabei sind.

Die gesuchte Zahl lautet daher $2^3 \cdot 3^2 \cdot 5 \cdot 7 = 2.520$. Sie ist durch alle Zahlen von 2 bis 10 ohne Rest teilbar. Nun musst du nur noch 1 addieren:

Die Zahl $2\,520 + 1 = 2\,521$ ist durch alle Zahlen von 2 *bis* 10 mit Rest 1 teilbar. Da die Primfaktoren selbst nicht weiter teilbar sind, gibt es keine kleinere Anzahl Schafe, die auf die beschriebene Weise aufgeteilt werden kann.

Mathematische Exkursion

Seit mehr als 2 500 Jahren beschäftigen sich Mathematiker_innen mit Primzahlen. Aus ihnen sind alle Zahlen aufgebaut, denn man kann jede natürliche Zahl als ein Produkt aus Primzahlen darstellen. Das nennt man *Primfaktorzerlegung*. Und das Interessante daran ist: Die Primfaktorzerlegung ist für jede Zahl eindeutig!

Nimmst du beispielsweise die Zahl 2520, so erhältst du die eindeutige Primfaktorzerlegung folgendermaßen:

$$
\begin{aligned}
2520 &= 2 \cdot 1260 \\
&= 2 \cdot 2 \cdot 630 \\
&= 2 \cdot 2 \cdot 2 \cdot 315 \\
&= 2 \cdot 2 \cdot 2 \cdot 3 \cdot 105 \\
&= 2 \cdot 2 \cdot 2 \cdot 3 \cdot 3 \cdot 35 \\
&= 2 \cdot 2 \cdot 2 \cdot 3 \cdot 3 \cdot 5 \cdot 7 \text{ (eindeutige Primfaktorzerlegung)} \\
&= 2^3 \cdot 3^2 \cdot 5 \cdot 7 \text{ (kurze Potenzschreibweise)}
\end{aligned}
$$

Es gibt keine andere Primfaktorzerlegung für diese Zahl! Für Primzahlen ist die „Zerlegung“ immer die Primzahl selbst. Die Primzahlen sind also für die Mathematik so etwas wie die Elemente (bzw. Atome) in der Chemie und der Physik, aus der alle Gase, Flüssigkeiten und festen Stoffe aufgebaut sind. Die Primzahlen „2“ und „3“ sind Baustein für das Zweier-(Dualsystem oder Binärsystem) und das Dreiersystem und spielen in vielen Algorithmen eine grundlegende Rolle. Siehe auch Blick über den Tellerrand von der Aufgabe „Wunschzetteltresor“ auf Seite 89 bis 91.

Verknotete Weihnachten

Antwortmöglichkeit b) ist richtig. Es sind fünf Zügel in dem Knoten ineinander verschlungen.

Die einzelnen Bänder (Zügel) sind in der Lösungsskizze mit verschiedenen Farben gezeichnet. So kannst du sie besser erkennen. Die fünf verschiedenen Farben stehen für die Anzahl der verwendeten Bänder. Folgst du den Bändern, siehst du, dass sie in sich geschlossen sind. Das heißt, du kommst irgendwann wieder am Ausgangspunkt an.

Blick über den Tellerrand

Solche Knotenmuster nennt man auch keltische Muster, weil sie in der Kunst der Kelten im frühen und hohen Mittelalter eine wichtige Rolle spielten. Man findet sie zum Beispiel auf großen, aufrechtstehenden (Grab-)Steinen (diese nennt man Monolithe) und auf keltischen Kreuzen in Großbritannien und Irland. Sie wurden auch als Ornamente in verschiedenen Ausgaben der Bibel verwendet, zum Beispiel im „Book of Kells" („Buch der Kelten") aus dem 7. Jahrhundert.

Noch kompliziertere Flechtwerke kennt man in der arabischen Kultur. Es gibt sie auf Keramiken, religiösen Texten und Bauwerken. Sie verzieren zum Beispiel die berühmte muslimische Stadtburg Alhambra in Südspanien. Auch in Indien und Afrika sind solche Motive im Alltag zu finden.

Die Geflechte können aus abstrakten mathematischen Graphen entworfen werden. Ein einfacher Graph ist der dreieckige Graph im Bild. Dabei wird über jede Kante des Graphen (die Verbindungslinie der Punkte) ein Kreuz oder eine „Mauer“ gelegt. Die Kreuze werden dann zu einem geschlossenen Band oder mehreren geschlossenen Bändern verbunden (siehe Bild). Eine Mauer bedeutet, dass über diese Kante keine Bänder laufen und deshalb keine Kreuzung entsteht (nicht im Bild). Für jedes Kreuz muss dann entschieden werden, welches Band oben drüber und welches unten durch gelegt wird. Je komplexer der Ausgangsgraph ist, desto komplexer wird auch das Knotenmuster, das man damit erzeugen kann.

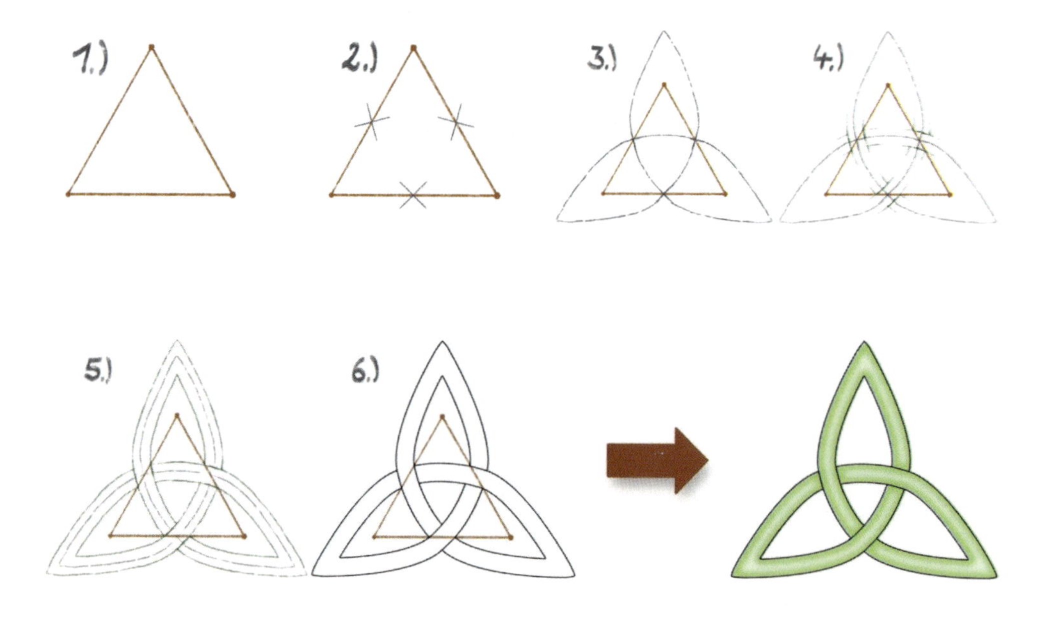

Möbiusbänder

Antwortmöglichkeit d) ist richtig.

Dies ist unsere Aufgabe zum Fest der Liebe: Wenn du die beiden Bänder wie in der Aufgabe beschrieben bastelst, senkrecht aneinander klebst und dann mittig längs durchschneidest, entfaltet sich das Ergebnis zu zwei ineinander verschlungenen Herzen:

Mathematische Exkursion

In der Topologie, einem Teilbereich der Mathematik, unterscheidet man *orientierbare* und *nicht-orientierbare* Flächen. Eine orientierbare Fläche ist eine Fläche, wie du sie kennst: mit einer inneren und einer äußeren Seite. Das ist beim Möbiusband anders. Um es zu erkennen, kannst du dir ein Möbiusband nehmen und mit dem Finger das Möbiusband abwandern. Du kommst erst wieder am selben Punkt auf derselben Seite an, wenn du um das Möbiusband zweimal herumgelaufen bist. Dabei bist du an jedem Punkt auf jeder Seite einmal vorbeigekommen. Das heißt: Das Möbiusband hat nur eine Seite! Es gibt kein Außen und kein Innen. Deswegen nennt man das Möbiusband *nicht-orientierbar*.

Das Möbiusband gehört zur Möbiusgeometrie. Es wurde nach dem Leipziger Mathematiker und Astronom *August Ferdinand Möbius* (1790–1868) benannt, obwohl zeitgleich 1858 auch der Göttinger Mathematiker und Physiker *Johann Benedict Listing* (1808–1882) die besonderen Eigenschaften dieses speziellen Bandes entdeckte. Beide Mathematiker beschäftigten sich schon damals mit dem mathematischen Fachgebiet der Topologie, die zu dieser Zeit noch „analysis situs“ genannt wurde.

Zum Weiterdenken

a) Was erhältst du, wenn du die beiden Papierstreifen wie in der Aufgabe zusammenklebst, sie aber vorher nicht verdrehst, und dann entlang der Mitte zerschneidest?

b) Was erhältst du, wenn du *ein* Möbiusband in der Mitte längs zerschneidest oder wenn du es drittelst?

c) Statt mit einer halben Drehung kannst du auch Bänder mit einer ganzen Drehung, eineinhalb, zwei oder noch mehr Drehungen produzieren. Experimentiere damit. Prüfe, wann die Bänder orientierbar sind und wann nicht, schneide sie auf. Versuche vorherzusagen, was dabei passiert. Du kannst sie natürlich auch – wie in der Aufgabe – vor dem Aufschneiden zusammenkleben.

Anhang

Nachwort

Das Online-Spiel *Mathe im Advent*

Seit 2008 richtet die Deutsche Mathematiker-Vereinigung (DMV) jedes Jahr vom 1. bis zum 24. Dezember auf www.mathe-im-advent.de den Online-Adventskalender ***Mathe im Advent*** aus. 2016 hat sich der Wettbewerb ausgegründet. Seitdem richtet die Mathe im Leben gemeinnützige GmbH den Wettbewerb aus. In zwei Niveaustufen (Klassen 4 bis 6 und 7 bis 9) werden je 24 Aufgaben bereitgestellt, die sich hinter virtuellen Türchen verbergen. Schülerinnen und Schüler ab der 2. Klasse können einzeln oder (mit Hilfe ihrer Lehrer_innen) im Klassenverband in ihren jeweiligen Niveaustufen teilnehmen und am Ende interessante Preise gewinnen. Zweit- und Drittklässler nehmen als Frühstarter teil. Alle (speziell auch Erwachsene), die nicht den genannten Klassenstufen angehören, können im „Spaßaccount" nach Belieben die Aufgaben beider Niveaus lösen. Lehrerinnen und Lehrer können sich einen speziellen Account erstellen, in dem sie ihre Klassen anmelden und verwalten, die dann am Klassenspiel teilnehmen können. Alle können sich ab dem 1. November auf unserer Webseite www.mathe-im-advent.de für den Kalender registrieren.

Es gibt zwei Registrierungsstufen. Für die reine Beantwortung der Aufgaben (1. Stufe) und die Erstellung einer persönlichen Statistik mit Urkunde reichen die Angabe einer gültige E-Mail-Adresse und die Auswahl eines eindeutigen Benutzernamens. In einer zweiten Stufe haben die Schülerinnen und Schüler aus den teilnahmeberechtigten Klassenstufen die Möglichkeit, sich zum Gewinnspiel anzumelden. Dafür sind die Angabe des Namens sowie der Klassen- und Schuldaten erforderlich. Persönliche Adressdaten werden nicht erhoben. Lehrerinnen und Lehrer können, wenn sie möchten, auch ihre Klassen zur Teilnahme bei ***Mathe im Advent*** anmelden und ihre Schüler_innen einladen. Um am Klassen-Gewinnspiel teilnehmen zu können, müssen aus einer Klasse mindestens zehn Schüler_innen regelmäßig teilnehmen. Bei Förderschulen mit kleineren Klassen können Ausnahmen gemacht werden.

Ab dem 1. Dezember wird dann täglich ab 6:00 Uhr die tagesaktuelle Aufgabe auf unserer Webseite veröffentlicht. Bis 23:00 Uhr desselben Tages muss die Lösung abgegeben sein. Am Wochenende sind die Aufgaben bis Montagabend zur Bearbeitung geöffnet. Wie auch in diesem Buch stehen online jeweils vier Antwortmöglichkeiten zur Verfügung, aus denen genau eine ausgewählt werden muss. Nach Abgabe der

Lösung können alle Mitspieler_innen, auch die Erwachsenen, bewerten, wie gut ihnen die Aufgabe gefallen hat. Diese Abstimmung wird zur Erstellung der Rangfolge aller eingereichten Aufgaben des Aufgabenwettbewerbes herangezogen. Unsere eigenen Aufgaben schließen wir vom abschließenden Ranking aus.

Am Tag nach dem Abgabeschluss steht um 6:00 Uhr die Lösung online. Zusätzlich können alle Teilnehmer_innen drei Joker einsetzen, anstatt eine Antwort abzugeben. Sie werden automatisch gesetzt, wenn nicht rechtzeitig geantwortet wurde. Sind am Ende noch zwei unbenutzte Joker vorhanden, wird damit automatisch eine falsche Antwort „richtig gestellt“, falls es diese gibt. Ab dem 28. Dezember, wenn alle Lösungen veröffentlicht sind, können sich alle Teilnehmerinnen und Teilnehmer ihre persönliche Urkunde herunterladen, die ihren Erfolg beim Lösen der Aufgaben belegt.

Für alle, die sich zum Gewinnspiel anmelden, besteht neben der Hauptziehung der Gewinner Ende Dezember auch die Chance auf einen kleinen Preis bei unseren Sonderverlosungen. Im Januar laden wir alle Preisträger_innen zur großen Preisverleihung nach Berlin ein. Die Informationen dieses Textes können vereinfacht in folgender Formel ausgedrückt werden:

„Im November registrieren – im Dezember mitspielen – im Januar gewinnen!“

Euer/Ihr  -Team

Stichwortverzeichnis

H

I

K

Übersicht zum Einsatz der Aufgaben im Unterricht

Für den Einsatz der Aufgaben im Pflicht- und ergänzenden Mathematikunterricht finden Sie hier hilfreiche thematische Hinweise:

- Passt die Aufgabe zum Curriculum oder nicht?
- Welche schulischen (schwarz) und außerschulischen Inhalte (blau) kommen in der Aufgabe und der Lösung sowie dem Blick über den Tellerrand vor?
- Zu welchem mathematischen Gebiet gehört die Aufgabe?

Aufgabenname	Seiten	Curriculum	schulische Themen / außerschulische Themen				Gebiet
Travelling Weihnachtsmann	34/88	nein	systematisches Arbeiten	Addieren	algorimthisches Vorgehen	Wegenetze	Optimierung
Der Wunschzetteltresor	36/92	ja	Kombinatorik	systematisches Arbeiten	Teilbarkeitsregeln	Primzahlen	Teilbarkeitslehre
Quatromino	38/99	nein	räumliches Vorstellungsvermögen	Soma-Würfel	3D-Puzzle	Quatrominos	Geometrie
W-Factor	40/101	nein	Durchschnittsberechnung	Bewertungssysteme	Median	Modalwert	Statistik
Sortierrutschen	42/109	nein	systematisches Arbeiten	Algorithmen	Sortieren		Informatik
Der Tunnel	44/114	ja	Volumen- und Längenberechnung	elementares Rechnen	Abschätzen von Größen		Rechnen mit Größen
Eierkuchen	46/117	ja	systematisches Arbeiten	elementares Rechnen	Dividieren mit Rest	Gleichungen Aufstellen und Lösen	Rechnen
Norwegische Nachbarschaftshilfe	48/119	nein	systematisches Arbeiten	logisches Schließen			Logik
Wehe, wenn sie losgelassen	50/122	nein	systematisches Arbeiten	Regeln Verfolgen	Schubfachprinzip		Logik
Ebbe und Flut	52/126	ja	Diagramm lesen und verstehen	Funktionsgraphen	Addieren von Dezimalzahlen		Diagramme interpretieren
Fällt Weihnachten aus?	54/130	ja	Rechnen mit kleinen und großen Zahlen	Gleichungen Aufstellen und Lösen	systematisches Probieren		Rechnen
Erste Vorbereitungen	56/134	ja	Achsenspiegelung	Verknüpfen von Abbildungen	Orientierung eines Körpers im Raum	Gruppentheorie	Geometrie
Glück auf Knopfdruck	56/137	ja	Experiment	Stichprobe	Ereignisse	Häufigkeiten	Stochastik

Aufgabenname	Seiten	Curriculum	schulische Themen / außerschulische Themen				Gebiet
Das Lichterfest	60/139	nein	Zufallsexperiment	Abschätzen	Spiel Verstehen	logisches Schließen	Stochastik
Der Weihnachtsmann holt die Raute raus	62/142	ja	Raute	Flächeninhalt von Drei- und Vierecken	Flächenmaximierung	Verschiebungen	Geometrie
Rentiersalat	64/147	nein	Entschlüsseln	Verschlüsseln	Codierungsverfahren		Kryptografie
Wichtelnde Wichtel	66/151	(ja)	elementares Rechnen	Abschätzen	Wachstumsprozesse	Vereinigungs- und Schnittmenge	Mengenlehre
W-Games	68/157	nein	räumliches Vorstellungsvermögen	Körper	platonische Körper	Dualkörper	Geometrie
Rennschlitten	70/160	ja	Treffpunktaufgabe	Gleichungen Aufstellen und Lösen	Verhältnisrechnung		Algebra
Einzelkinder	72/162	(ja)	Prozentrechnung	Statistik	elementares Rechnen	Mikrozensus	Prozentrechnung
Das Gruppenbild	74/166	nein	Orientierung	Knotentheorie	Verknüpfungen		Toplologie
Weihnachtsbaum 2.0	76/169	nein	geschicktes Zählen	Muster Erkennen	logisches Schließen	Rückwärtsarbeiten	Kombinatorik
Die Wichtel in der Sahara	78/175	nein	logisches Schließen	Routen-Depot-Problem	Outside-the-Box-Denken		Logik
Das gestreifte Schaf	80/178	nein	Dividieren mit Rest	Teilbarkeitsregeln	Primzahlprodukt	Primfaktorzerlegung	Zahlentheorie
Verknotete Weihnachten	82/181	nein	Struktur Erkennen	Flechtmuster	Knoten	Graphen	Knotentheorie
Möbiusbänder	84/183	nein	räumliches Vorstellungsvermögen	Möbiusband	nicht-orientierte Flächen	mathematisches Basteln	Topologie

Printed in Poland
by Amazon Fulfillment
Poland Sp. z o.o., Wrocław